打造硬汉
——型男塑形宝典

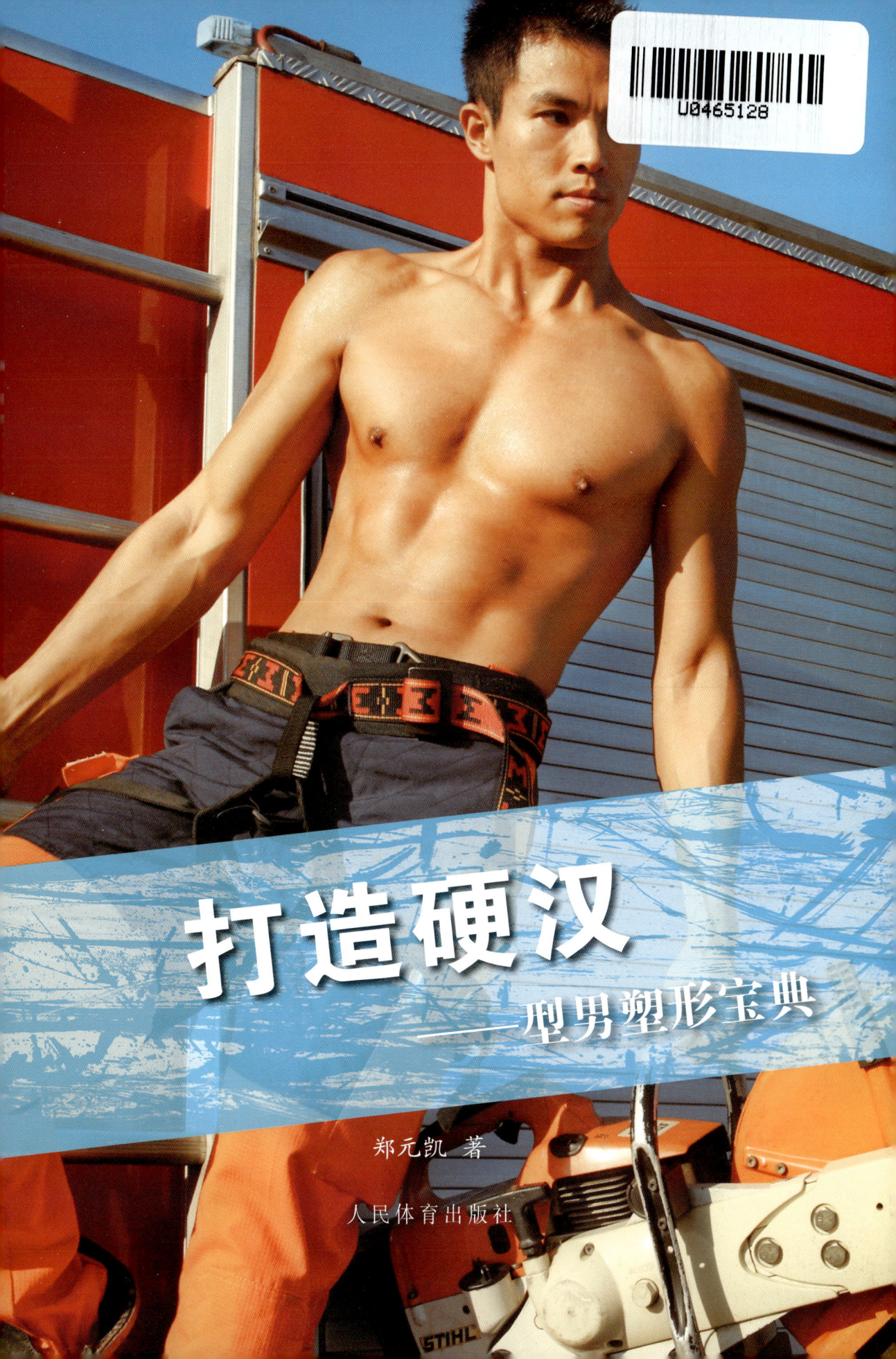

郑元凯 著

人民体育出版社

前 言

首先在书的一开始，要感谢每位出现在我生命中的贵人，包括我的亲人、朋友及还未认识的朋友们，其中特别是：重阳义消分队的李余勇大哥，是他让我有机会可以出版这本书，将自己运动、健身的一些方法及理念与更多人分享。

平时我就喜欢跟朋友、同事一同运动与健身，听见他们讨论健康、健身与瘦身的观念，或是看见他们做训练的姿势等，就忍不住想跟他们讨论与分享自己的经验，从中互相学习，就算是很久才去一次健身房，也都喜欢跟陌生人谈论各种观念及方法。但是我发现，有很多喜欢健身或是想要拥有好身材的朋友，其实他们并没有相应的知识，来辅助其进行运动及饮食控制，而形成事倍功半的效果，且很多人并不会专程查阅这方面的书刊，在此我建议大家一定要买书来看，或是请教专业人员，尤其是喜欢在家自行训练的朋友，正确知识的掌握，有助于你有效又安全地达到健身的效果。本书全方位地让你清楚如何雕塑身材的观念，并由我亲自示范，与我一同运动健身，让我们拥有健康快乐的每一天。

HEALTHY EXERCISE

生命的轨迹

曾经这是我的大头照，
而现在的我却是如此的截然不同！

改变生活习惯真的是对我获益良多，从图上的大头照，看得出来当时我是个小胖子，但自从我高中开始形成运动的生活习惯之后，我就成了现今健壮的模样。找到喜欢的运动及活动，并且持之以恒，这个改变将会影响你的一生与一身。记住：运动是生活中的一部分，不该是需要经过精心设计才有的活动，这样感觉多么累人啊！想要运动时就去运动，哪怕只是一下子，通过时间的累积都会有很大的转变。

有了以上这样的改变，一度让我在十几年前，想报名当红一时的电视节目男大十八变，我深信自己应该会得第一、二名，拥有这么大的转变，除了我自己生活习惯的修正外，最应该要感谢的应是我的家人，感谢爸妈给了我这份生命，让我可以用生命去创造属于自己的人生。

再来，我要好好的感谢我自己，因为"**我的生命由父母创造，我的人生由我自己创造**"，感谢我自己创造了现在的自己。当然，你的人生也是由你所决定的，现在就是你为自己创造新生命的时刻——练成一身健美的身体吧！这本书绝对能改变你的一生与一身，开始就不要停止，方向对了，就能走到目的地，时间则由你自己决定。你的身材绝对会成为你想要的样子，除非你不是真的想要！爱自己吧！就从现在开始。

消防工作让我有了丰富的人生体验，让我学会了非常多的技能，例如：抓猫、抓狗、抓蛇、跳楼、跳海、跳河、打火、打针、接生，还有亲身经历许多生离死别、喜怒哀乐的人生，以及接受许多的训练，锻炼着我的身、心，让我有所成长与改变。最重要的一点是，我喜欢成为别人的导师，当我在做防火宣传时，民众认真学习及发问的情形，让我感觉非常实在与开心，觉得这就像多救了几个人、几个家庭一样。而在担任消防教官时，同仁努力地学习，并踊跃地进行经验交流及发问时，我都能给予同仁更多的建议及正确观点，让我感觉到很有意义。我爱说教，更爱用亲身体会的方式，来身体力行。

希望我们都能用更多正向积极的眼光去看自己，特别是健康与身材，更是不可或缺的一块：健康的身体，让我们拥有充沛体力，远离疾病，无后顾之忧；好身材，让我们拥有完美体态，面对人群更有自信与魅力！哩哩喳喳说了这么多，就是希望你与我一起身体力行，为自己想要的身材尽一份力。一同加油吧！就从现在开始。

HEALTHY EXERCISE

推荐序一

从事消防工作至今，一路看着消防的改革与变迁，从过去的消防三大任务：预防火灾、抢救灾害及紧急救护，到现在各种灾害防救的作为、多元化的救灾知识、修改增进紧急救护技术，乃至于各类的为民服务工作。一路走来，消防两个字代表的意义，已经今非昔比，消防同仁所需肩负的责任与义务，更是一种荣耀与重担。

首先，我要先恭贺元凯能在如此繁重的工作中，还能抽空完成自己的梦想，出版一本关于自身锻炼身材的写真书，并帮有心想让身材更完美的朋友们指点一些迷津。消防工作是极需要有一副好体能的，而元凯正是其中的佼佼者，他曾经获选为本局的"消防猛男月历"人物之一，但是乐观进取的态度才是我认为他成功之要件。

消防工作需要经常面对生死画面，负面情绪多少会不由而然地产生，因此如何能自我调适不影响工作就很重要。元凯总是能保持一颗开朗的心情，利用时间来锻炼自己并排解压力，这点我觉得他做得很好，也很值得其他同仁学习。

当然我也很推荐这本书给所有读者及我的同仁阅读，最好是能够像元凯一样，个个都成为猛男，并永远保持热情积极的态度，让自己的体态维持在高档，不但能雕塑身材也能更健康，更能因健身的好处减低职业伤害。祝福各位！

新北市政府消防局

局长 黄德清

推荐序二

元凯是我在新北市政府消防局一起共事的好伙伴。印象里，自从元凯进到消防这个大家庭以来，便对锻炼身材有着浓厚的兴趣且一直都保持积极进取的态度，并拥有卓越成绩，例如：除了中级救护技术员训练时以第一名成绩结训，并代表本局在消防署举办的全台湾紧急救护竞赛中，为我们争取到第一名殊荣。算算元凯的资历，已是老鸟级人物了，还能够保有这样的热情与持续不间断的锻炼体魄，并为自己的兴趣写书，真的很不容易。

我本身也是一位运动爱好者，在内勤担任科长期间，经常从乌来骑单车往返板桥上班，多年来保持运动的习惯，让我觉得身体更加健康。而书中以浅显易懂的叙述方式，并加入健身心得分享来锻炼体格，与我提倡多运动的观念相符。在此，希望元凯的书能帮助更多人正确又有效地健身，当然，特别是消防同仁们，更应随时注意保持最佳的体能与健康，这才是全民的保障，也是家人的幸福。

新北市政府消防局第三救灾救护大队

大队长

推荐序三

令人尊敬的119消防工作

本书作者以一位消防员的现身说法，教导大家如何锻炼身体，并提供了健身健美的食材及方法，看到元凯健美的身材，才恍然大悟原来要做好消防救护这种神圣的工作，不仅得具备应变的能力及智慧，更是需要锻炼好身体。

而他提到服食低升糖指数的食材，实在有道理，其中香蕉这种好水果，我要特别提出来，有位日本名医建议运动前一小时，服食香蕉加梅子，可促进基础代谢，增强体力，长肌肉。因为香蕉含长肌肉所需要的三种主要胺基酸——白胺酸、异白胺酸、缬胺酸，而梅子可以促进柠檬酸循环产生动能。

书末也介绍了简单易懂的民众版心肺复苏术，这是一种大家必备的急救技巧，感谢元凯复习了我在医学院学过的急救知识，希望本书的出版，能造福大家。

无毒的家暨吉胃福适创办人

目 录

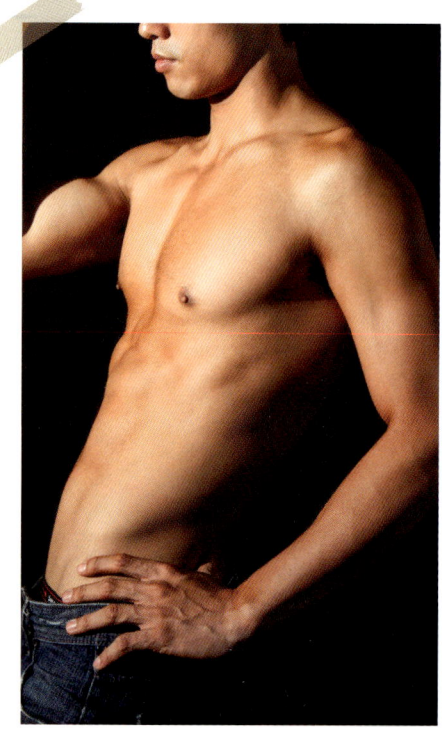

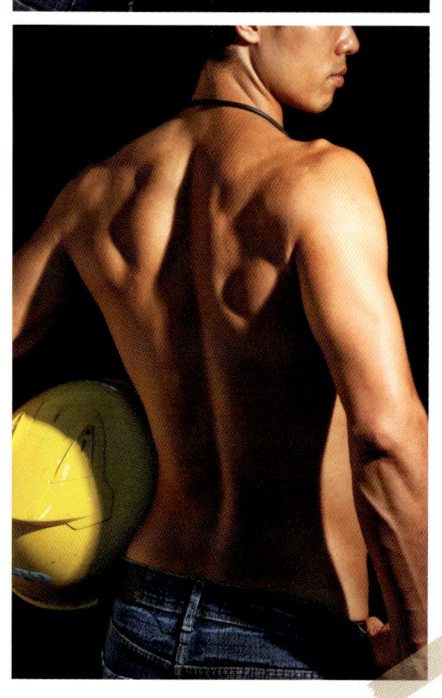

认识你的肌肉名称

阿凯教练这么说

11 健身重点小叮咛

14 如何让肌肉有效增长

18 如何吃出好身材

20 享瘦男女看这里

阿凯教练教你做

26 热身运动

28 胸部肌群训练法

37 背部肌群训练法

51 肩部肌群训练法

63 手臂肌群训练法

81 腹部肌群训练法

90 性感翘臀与腿部肌群训练法

97 缓和运动

HEALTHY EXERCISE

附 录

103 你所不知的消防工作

106 简易急救安全照护

110 各类食物GI值参考表

阿凯教练教你做运动

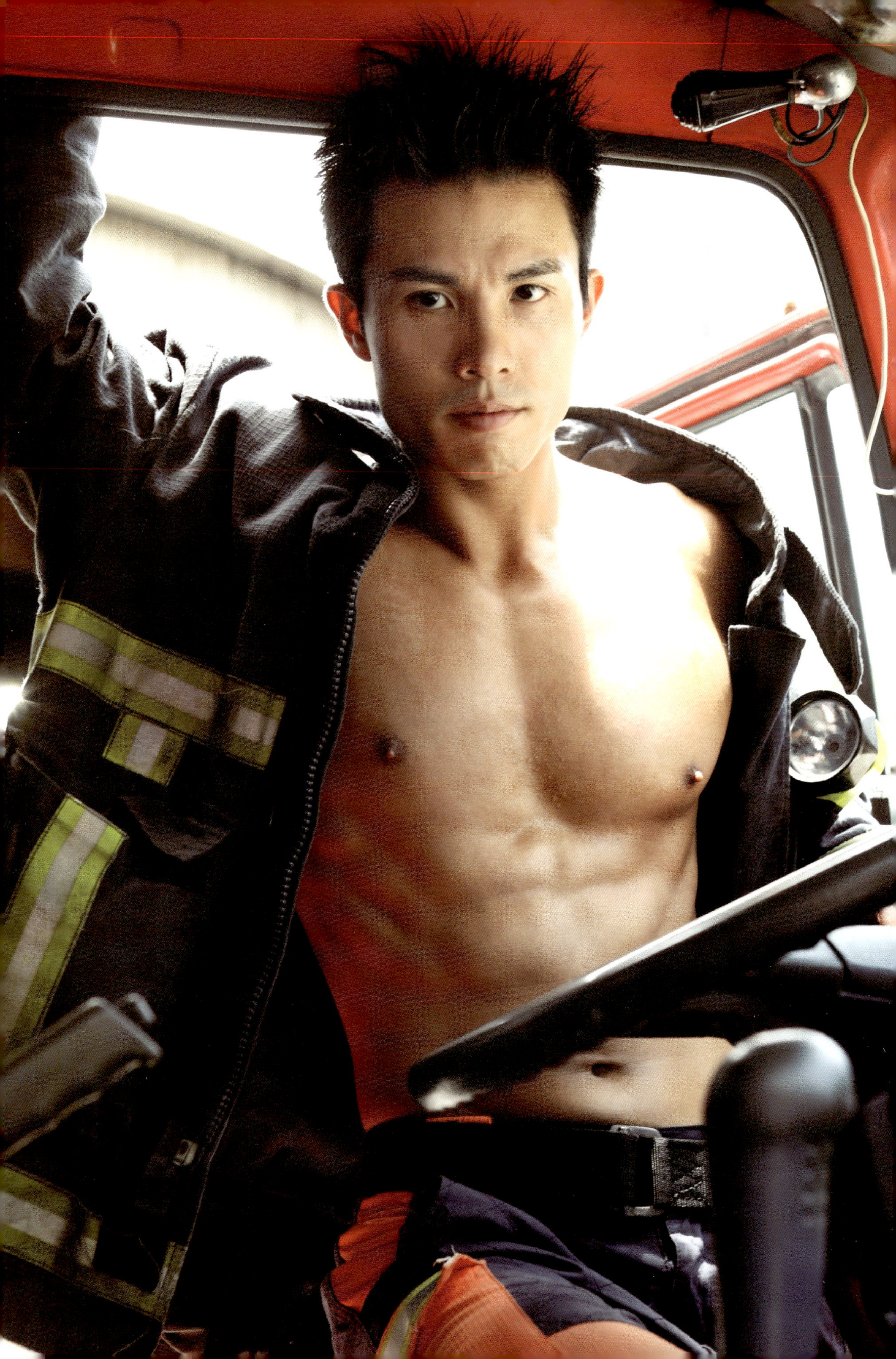

认识你的肌肉名称

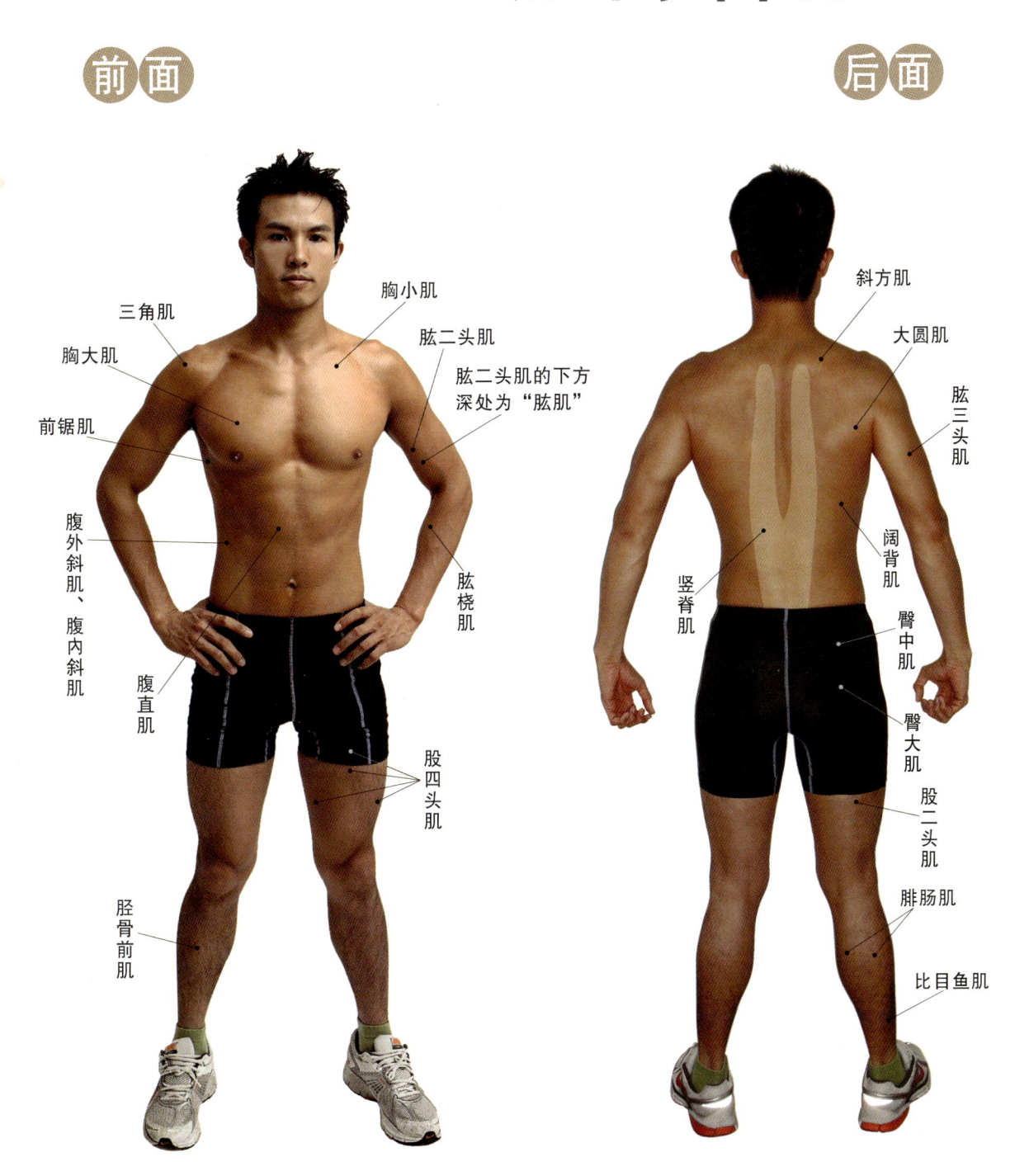

前面 / 后面

前面：
- 三角肌
- 胸大肌
- 前锯肌
- 腹外斜肌、腹内斜肌
- 腹直肌
- 胸小肌
- 肱二头肌
- 肱二头肌的下方深处为"肱肌"
- 肱桡肌
- 股四头肌
- 胫骨前肌

后面：
- 斜方肌
- 大圆肌
- 肱三头肌
- 阔背肌
- 竖脊肌
- 臀中肌
- 臀大肌
- 股二头肌
- 腓肠肌
- 比目鱼肌

YZ

HEALTHY EXERCISE

阿凯教练这么说

有梦最美、希望相随

健身重点小叮咛

1. **目标的设定**：你是要变瘦，还是要变壮，目标一定要很清楚，这样你才能准确地规划如何达成，无论在健身或是任何事情上皆是如此。所以最好找个人作为你的目标榜样，并且把他的照片放在明显的地方，让你每天都看得见，这样你一定可以成为你想要的人喔！

2. **平衡**：即不能偏废任何训练项目，若是某些部位想特别加强当然没问题，但均衡的训练模式才能让我们达到完美的体态及运动能力，而基本的训练包含了心肺功能的训练，肌肉适能的训练，更进一步的训练则是重量训练、柔软度的训练、身体反应的训练……

3. **常态性及规律性**：想要好身材可以速成，只要你记得运动，能正常且规律性地运动当然会更好。拥有健康及完美的身材，是创造美好生活很重要的元素之一。

4. **热身及舒缓运动**：切记，在任何运动开始前一定要做热身运动，这是非常重要的。热身运动可以告知我们的身体需要开始训练或运动了，让体温升高、提高血液含氧量及肌肉血流量，使我们的肌肉和肌腱能有充足的养分，以及较强的伸展张力，来提升我们的反应能力和肌力，以应付接下来各种激烈的运动，有效减少运动伤害和肌肉酸痛的发生。

   舒缓运动是激烈运动后所实施的缓和运动，其目的是使我们身体各部位的血液，循序渐进地回流至心脏及脑部，并持续燃烧脂肪产生热量，且将身体的废物代谢出来，可以有效减少我们运动后的肌肉酸痛时间。若是运动结束后，隔一段时间才感到头晕甚至晕倒等状况，可能就是忽视舒缓运动所带来的后果。

5. **服装及器材**：运动时穿着合适的服装也是很重要的，干净整洁的服装，会让我们更有精神。若是可以挑选合身的衣物，会让我们更清楚地看见自己身材的曲线，享受运动后身材改变的喜悦。另外挑选机能型的排汗衫，能够让我们运动时更加舒适。若是天气不佳，或想加强运动出汗量，可添加防风、防水的机能型外套及长裤，有助于我们暖身的速度加快和减少运动的伤害，增加身体的保暖，以及可以预防身体运动后不小心受寒。运动后若立即更换干爽的衣物，也可减少皮肤的不适，特别是那些容易起疹子或过敏的人。还有一双适合的鞋子，能确保我们运动时的安全及舒适性，在不同的运动场合及运动项目，应穿戴各种不同的运动鞋，例如慢跑鞋就可分成PU跑道用、一般路面用、越野用，但打篮球时就该穿着篮球鞋，不该穿着其他类的鞋子，以确保自身的安全，避免不必要的运动伤害。至于运动器材方面，本书在后面会有陆续的详细介绍。

6. **音乐**：运动时有合适的音乐当背景可以让我们身心舒畅、振奋精神，增加运动的兴奋度，提升运动的效能，此外轻快或强而有力的节拍可以协助我们完成各式各样的运动，并忘却运动的时间及身体的疲劳感。

11

≫ 使用固定式机械锻炼与非固定式器材锻炼之差异

■ 要拥有好身材，一定要去健身房吗？

　　这是很多人都会有的疑问，其实健身房只是提供我们一个更舒适的健身环境，并不一定要去健身房才能锻炼，最大的差异在于健身房内有很多固定式的机械器材可供我们选择。因此去不去健身房根本跟好身材没关系！只有跟我们的恒心有关系。

　　去不去健身房所影响的是我们锻炼的方式，在家中锻炼所运用的是我们的体重，或一些较简易的非固定器材来作为锻炼的阻抗，在操作上只要动作正确，锻炼的效果一样非常好，而且还可以避开不舒服的角度，相较于固定式的机械，所能运用的角度较为自由。

　　而固定式的机械因动作路线固定，对于新手而言，不用花多余的力量做平衡，可以简单地锻炼目标肌群，用可调整的椅子或靠背，可以确实固定身体，减少身体受伤或使用反作用力，固定式的器材设计上能针对各个肌群分别锻炼，操作时阻抗前后均一致。

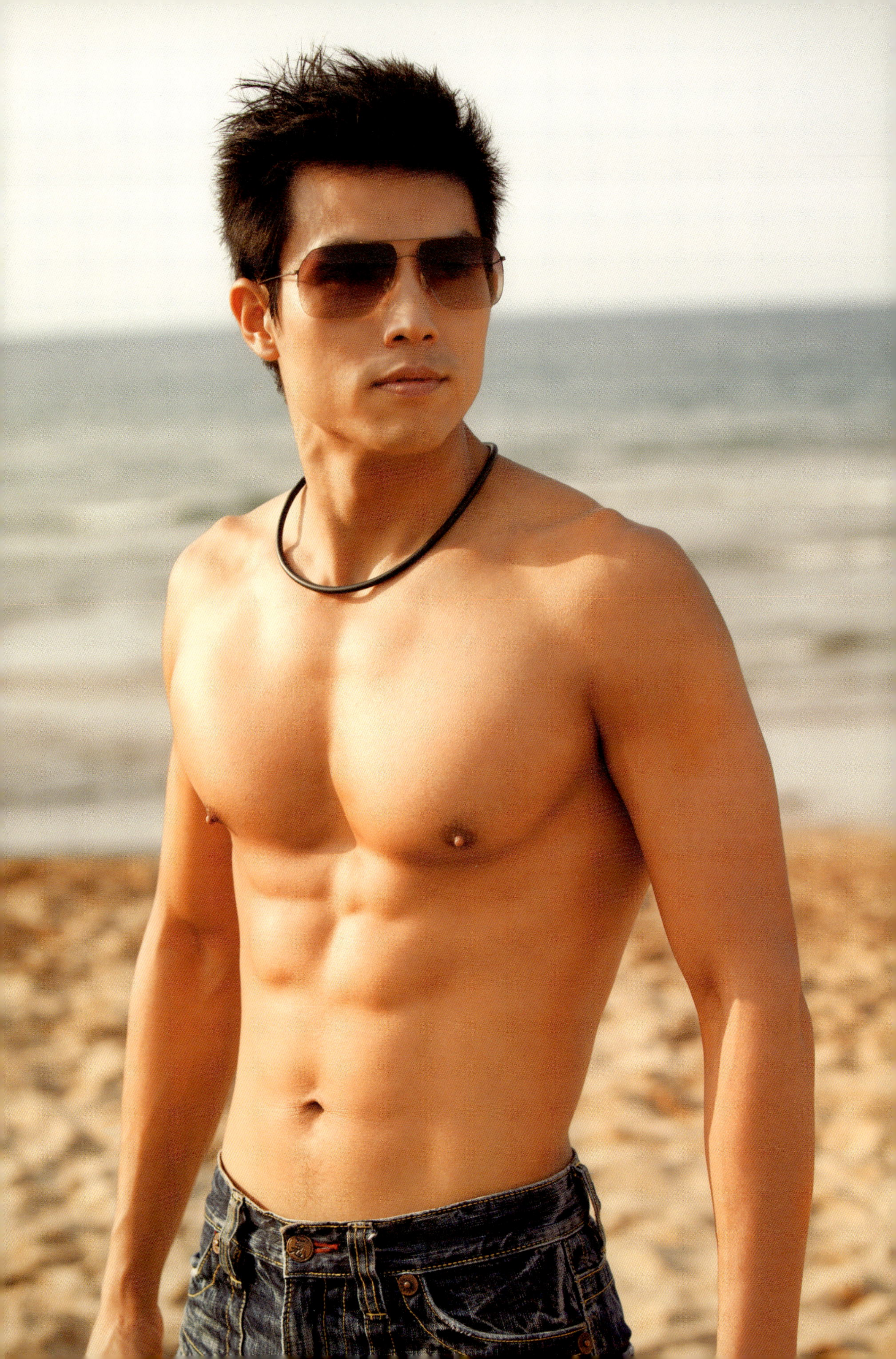

阿凯教练这么说

如何让肌肉有效增长

■ 如何训练才能达到效果？为什么我这么努力，却始终进步迟缓，达不到想要的身材曲线呢？

首先，前面已提过训练一定要有目标，因此你必须知道训练的目的是什么，例如：为了增加肌肉、修饰身材、瘦身、提高运动或比赛时的反应力、速度或耐力……再来就是常态性，常态性并非一成不变，而是你如何去将训练的内容做有规律性的组合与变化，成为常态的周期性，例如：

①想健身拥有好身材的人，可以依身材的状况，依序训练自己的胸、背、肩、腿，并搭配其他部分肌群的训练与有氧运动，将这些项目依照自己的需求程度，规划每次训练的时间，与各部位训练时间的长短，并分配在一星期内，依序执行与完成。

②为了在参加比赛时提升成绩的人，他们的训练除了上述几种外，可能还会将赛季列入训练的规划，形成非赛季时以肌肉增长的训练为主，接下来以动态出力的技能训练为主，并于接近赛季前及赛季中，以比赛项目之技术为训练的主要方向，再依照比赛时期的长短等，改变训练的内容。

>> 你清楚你在锻炼什么肌肉吗？

在我们身上的肌肉因部位、功能及构造的差异，形成了很多种的分类方式，例如：随意肌、不随意肌、骨骼肌、心肌、平滑肌、横纹肌、二头肌、三头肌……而基本上的组成成分可分为：红肌与白肌两种。

红肌：可提供长时间与较慢的收缩方式。

白肌：可提供短时间与快速的收缩方式。

因此在耐力型的运动员身上，红肌的比例高于白肌许多；相反，在需要速度与爆发力的运动员身上，白肌的比例多于红肌许多，因此训练绝对有助于我们的肌肉成长，只是你要搞清楚，你的训练方式跟你想要增长的肌肉到底有没有关系。在此我特别针对使肌肉增长和纯瘦身运动两个部分来做详细介绍：

HEALTHY EXERCISE 【肌肉增长】

使肌肉增长的训练方法与观念

我们每个人对环境都有适应力，就像是人家说的冬天洗冷水澡，人会变得不怕冷，也不容易感冒一样。因此冬天洗冷水澡会让我们身体适应比较恶劣的环境，扩大我们的舒适圈，所以我们的肌肉也适用于此原则。当肌肉受到不一样的刺激，或是改变它的外在环境时，它的内部组成及内部环境也会因此而改变，若是增加刺激则会促进增长，减少使用则会日渐衰退。

环境对我们的影响甚多，例如：常常运动可以改变我们身体的环境，进而增加肌肉对骨骼之附着能力、提高骨骼的储钙量、骨质密度、提升肌腱与韧带强度、矫正身体姿势、使肌纤维肥大、增加肌纤维上之微血管数量……

肌肉增长的方法，当然是给予高于平常的负荷量，以刺激肌肉增长，但一定要清楚你想拥有哪种肌肉呢，而我自己用来给予高负荷的训练方式大致为以下两种：

一、利用物理性的压力实施激烈型的训练

利用超过肌肉负荷之重量进行训练，使肌肉产生些微之伤害，以此刺激肌肉增长，这也是大家耳熟能详的方法：破坏肌肉纤维，使之修复后增生变大（超过肌肉负荷之重量，约是我们最大肌力八成左右之重量，是最为恰当的）。

☆最大肌力指的是一次能举起的最大重量

根据许多研究表示：利用超过肌肉负荷之重量进行训练，次数大约是我们奋力反复操作8~10次，一般理想的训练组数（组数即针对某个肌群一次训练的次数）为2~5组，对于肌肉增长的效果最佳，不过这个数值因人而异，训练的量还是以达到自己的体能极限为原则。在肌肉训练时，每一组若能有一分钟的训练间隔，就能提高成长荷尔蒙分泌的浓度，不过我也要提醒大家，如果休息时间延长，成长荷尔蒙浓度反而增加的比休息一分钟还少。但是并非休息时间越短越好，正常来说当做了几组的训练后，我们身体所能负荷的重量与次数会逐渐减少，但若骤减，这就表示我们休息的时间是不够的，这样一来给予肌肉的刺激与运动量就会降低，训练的效果反而就不如预期了。

另外，对于同一块肌群，每周训练的次数为3次左右，效果可达到最佳。因为肌肉受损后恢复的时间为2~3天，因此让肌肉有足够的休息时间，方能让肌肉有效地增长。

训练方式重点在于：

①操作姿势要正确，不使用借力之行为，若是使用反作用力，则会借助身体其他部分肌肉之力量，减少对训练部位之肌群的刺激，但因为是超负荷之训练，操作人员便容易将注意力放在重量及次数上，反而忘了正确姿势的重要性。

但有时候为了要突破临界点，增加对肌肉的负荷量，是可以被接受使用借力技巧的，但这也止于突破临界点时被运用，若是有同伴一起进行训练，则可请同伴协助突破临界点，不需使用借力的技巧。基本上动作都要注意使用标准姿势来操作（这里所说的临界点指的是在训练中让我们感到瓶颈的地方）。

②奋力举起，缓慢放下，大约是一秒上两秒下，据研究表示，当我们将哑铃等重物放下时，可造成肌纤维之损伤，而这就是让肌肉变大的重要指标，因此我们要多多运用这个特点，有效地进行训练；若上举时间小于一秒，那可能是因为重量不足，可于下次操作时增加其重量。

阿凯教练这么说

③不要沉迷于次数，训练就是为了突破极限，每次都应尽全力，以求下次训练时在重量或次数上能有所突破，因为你不可能每次都刚好能举10次，所以只要我们每次都是尽力且确实一下一下地进行操作，正确的使用要训练的肌群，利用重量的调整，将操作的次数调整在6~12次之间即可。这是让肌肉增大最适合的量，不但让肌肉承受较高的负重，又有相当的次数让肌肉发挥到最高效能，并使其疲惫与破坏（若是一次可以操作20次以上之重量，肌肉还是会成长，但是肌肉成长的方式与种类会不同；若想要修饰线条，可将操作之重量调整成一次能做12次以上的负重，使肌肉均衡地调整与生长）。

二、运用化学性的压力实施充血型的训练

利用持续让肌肉处于用力状态，而让肌肉内部持续肿胀产生充血，使肌肉中的血流量受到限制，造成肌肉持续处于缺氧状况，而持续恶劣的化学环境将刺激肌肉提升适应力，并壮大自己。此训练方法对肌肉损伤的程度通常较小，因此较物理性压力对肌肉之增长速度缓慢，但却可以由不同的刺激方式得到训练效果。

而要使用多大的重量使肌肉持续用力呢？基本上此种训练法所谓的持续出力，并非指很长时间持续出力，而是与物理性的激烈型训练相较之下，所需时间更长而言。因此不是为了让肌肉持续出力，就选用很轻的负荷，其实还是要有一定重量的（大约是我们最大肌力的50%左右为最恰当），而操作的次数同超负荷之次数，一样是可重复操作8~10次，但是操作方式却是有所不同的。基本上充血型的训练组数以3~6组为最佳，每组的休息时间和方式与激烈型相同。

对于同一块肌群，充血型的训练以每周3~4次，效果可达到最佳。因为肌肉受损的程度较激烈型的训练轻微，因此肌肉休息的时间可较激烈型的训练短。

训练方式的重点在于：

①让肌肉持续保持肿胀充血，为了让肌肉持续保持充血，我们操作时应持续且缓慢地出力，不要让肌肉有休息的时间，例如：不要让手肘打直等。且使用负重为我们最大肌力的50%左右之重量，有效刺激肌肉组织充血肿胀，此时将会明显地产生灼热感与疼痛刺激的感觉。

②将注意力放在训练的肌肉上，在训练时为了有效累积肌肉内的各种化学物质，我们通常须顾及次数、重量与时间，若是能在操作时以上举3秒放下3秒之速率进行，则是较有效且恰当的。因此，须将注意力集中于我们训练的肌肉上，确实利用要训练的肌群，有效达成此训练方式之重点诉求。

③不要沉迷于次数，此训练是要提升肌肉的适应性，因此每次都要尽全力操作，利用负重的改变让我们操作次数达到8~10次，但务必让肌肉感到更强烈的肿胀及灼热感。

以上是最主要的两种训练原理与方式。训练时的重量选择，常以此为基准，再因人进行调整，而透过不同的组合方式可以增加训练的效果。

还有一些小技巧，例如：在负荷已达到极限时，利用借力的方式，使肌肉增加更多损伤与刺激的机会，来提高训练效果；或刻意提高单一肌群的伸展，利用双关节肌的松弛，提升训练及刺激个别肌群的效果，使原本可能会有两个以上肌群参与的运动，减少成单一或两个肌群的训练，改变训练的目标肌群。而这些训练方式的技巧，有助于已经适应原本训练模式的肌肉再次受到刺激，使原本已经减缓的训练成果，再度增加肌肉的刺激与破坏，提升训练成效，因此在训练中改变姿势，加入多元化的刺激，可提升我们对肌肉训练的兴趣与增加训练效果。

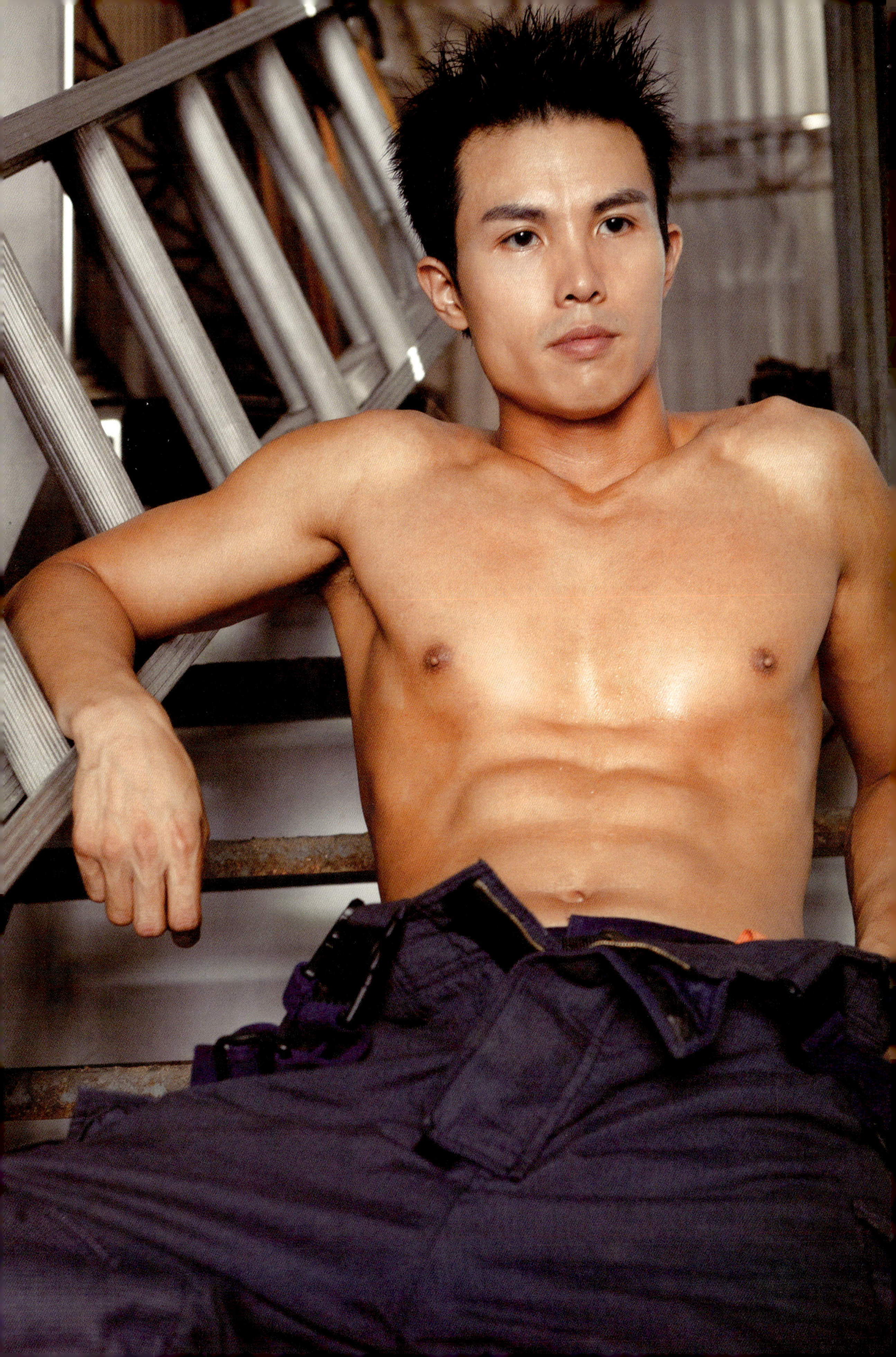

阿凯教练这么说

如何吃出好身材

简单来说，我们身体运动时产生的热量，会先由糖类→蛋白质→脂肪依序转化而成，因此大量运动后常常也会伴随肌肉量的流失，所以想要变成健美先生，不光需要练，还要一天吃好几餐，不是你说想变壮就能变壮的。

≫ 训练期间的饮食

对于平时的训练来说，均衡的饮食是最基本的，只要能做到，基本的营养就已经够了。若是以增加肌肉为目的，实施高强度的训练，或是以改善体质、增加体重为目的，则在饮食上多加着墨，达到的效果会更好，以下提出几点关于运动期间的饮食建议：

一、善用GI饮食

1. 运动前低 GI： 运动前 3～4 小时补充足够的糖类或吃低糖指数的食物（橘子、苹果、全麦谷片等）有助于长时间运动的表现，并可增加静止时以及随后运动时所燃烧的脂肪量。若是食用之后运动，发现胃部不适，则有可能是食用时间距离运动时间太短，或是你的肠胃比较不适合这样的饮食方式，可依身体状况自行进行调整。

注：GI 值就是所谓的升糖指数，简易来说是指吃进食物后的血糖升高值与吃进葡萄糖的升高值做比较，以吃进葡萄糖的增加值为基准 GI=100。

☆书后附上食物GI值列表以供参考

2. 运动后高 GI： 运动后通常会有强烈的饥饿感产生，此时身体正告诉我们它需要补充营养，因此可以在 1 小时内尽快补充所需的蛋白质及糖类等充足的营养，让身体可以获得充足的蛋白质以修补肌肉，并有足够的糖类作为能量供应，减少蛋白质的流失并协助合成身体所需的养分，对于想增加肌肉量的人来说是不可或缺的饮食模式，有些人会直接饮用方便又有效的高蛋白饮料，或是直接选择增重用的高蛋白补充品，甚至直接将葡萄糖、砂糖加入高蛋白饮品中食用，以获得足够的碳水化合物等。

3. 平时饮食方式改为低 GI 饮食（若是要增重，则穿插搭配高 GI 食物辅助）：低糖指数的饮食习惯是近年来提得最多的话题，简易来说"一饭二菜三指肉"是基本原则，即指饮食比例约为：一碗饭搭两碗菜＋三指的肉，也是我个人认为最棒的生活饮食方式，不但可以吃到美味的各种食物，又可以有效控制身材与体重，还能预防及减少各种疾病的发生，实在是好处多多，比起从前的各种瘦身方式饮食，或是针对有糖尿病、高血压、心脏病、高血脂、高胆固醇等疾病的饮食建议，低 GI 饮食全都兼顾到了，而且更均衡，但要注意摄取的量（例如地瓜、香蕉是属于低 GI 的食物，吃太多一样会胖），若是天生容易饿，则可能是碳水化合物摄取太少，或是可利用以下方式改善：

①多食用富含纤维的食物，例如各式青菜等，高纤维的食物通常 GI 值较低，消化过程中停留在肠内的时间会较久，亦可增加我们肠胃蠕动，这样不但可以消耗热量，还可以将肠胃中的垃圾、毒素代谢出体外，减少身体的负担，使身体越来越健康。

②采取少量多餐的方式，随时补充热量，但不要过量，可以减少肠胃的负担，并有效地将吃进来的热量消耗掉，减少累积成脂肪的机会；相对的，若是想要增重，除了运动，在少量多餐的同时可以多吃一些香蕉、西红柿、木瓜、牛奶、地瓜、南瓜、牛奶、马铃薯、蔬果汁等，随时补充比自

己平时更多一点的食量，而且运动后立即补充富含蛋白质与碳水化合物的食品，则1~2个月之后一定会有明显改变。当然若是本身肠胃吸收不好，那也要同时针对身体体质等相关问题进行解决与改善，例如：补充益生菌或益生菌生成物，以改善肠胃等。

二、充足的睡眠与休息

不论是因为工作或运动引起的累，适当的休息是非常重要的。我们身体的各个器官、组织、系统都是需要休息的，有休息才能更有效地恢复，当然做事也就更有效率，因此运动对身体好，是建立在有适当的休息条件下。当运动强度提高，身体就需要更多恢复时间，否则本来应该是透过运动使身体变得更清爽、健康，更有精神与活力，反而会因为休息不足而造成精神不济，全身酸痛迟迟无法恢复。因此运动强度应量力而为，不可过度，而且正确良好的睡眠时间对我们身体的恢复是有好处的，若是能在晚上11点至凌晨2点间确实进入深眠，身体会恢复得很快，否则也要多找其他时间好好休息。

三、有效补充该摄取的营养

当我们在健身运动结束后，你一定会觉得相当的"饿"，那是身体的自然反应告诉我们需要补充养分，但请注意：

①若要有效增加肌肉量，尽量在一小时内补充所需的蛋白质及糖类等充足的营养，可由一般的食物补充，也可以食用各式高蛋白营养补充品，若是需要减脂，那食物的选择上以鱼类、鸡肉等白肉为佳，并减少食用动物的皮（如鸡皮、猪皮等，皮下通常富含脂肪，而红肉虽然富含较高的蛋白质，但也很容易吃进多余的油脂，须多多注意），而且配料方式越简单越好，例如水煮鸡胸肉、水煮蛋、加上各式蔬果或是打成鸡胸肉汁，太多的调味料也会是高热量的来源。我个人觉得比较简单的方法是直接食用营养补充品，比较不用担心摄取太多的油脂，吸收也更快，其实在你还觉得酸痛的那几天，饮食都会持续影响你的身体状况喔！保持良好的生活习惯与饮食习惯，是很重要的。

②除了补充所需的蛋白质外，当我们运动时体温会升高，而身体消耗各种营养的速度就会加快。现在有很多人都是外食族，想要有均衡的饮食及充足的营养已经是件难事，加上平日工作压力大，也会增加各种维生素及矿物质等养分的消耗，所以除了多吃蔬菜水果外，还可适量地补充综合维生素等营养食品，才不会有下班就觉得累、实在是没有"体力与精神"再去运动的现象。补充综合维生素，可减轻疲劳及改善营养不良情形，但有些吃了可能会产生更多自由基，建议在购买时多多注意相关认证及专利，才不会花了钱却得不到效果，还有平时一定要多喝水。

③有些人是关节在运动后会有不适感产生，请不要轻视，这有可能是热身不足或是关节已经受损，建议补充含有葡萄糖胺的营养补充品，保养自己的关节，延长休息及热身的时间，并慎选运动种类，减少关节之负担（像是跑步对膝关节等造成的负担就会比游泳高出许多，而同样是跑步，在跑步机上及操场的PU跑道上负担就会比在一般道路上轻，而使用滑步机、飞轮、脚踏车等，因脚未离开操作面，负担会比跑步更低），若是过于疼痛则应立即就医。

四、减少垃圾食物的摄取

就算是要增重，我个人还是希望能以均衡健康的方式增重，若是摄取太多垃圾食物（如：油炸食物、肥猪肉、鸡皮、高盐、高脂、高热量、酒、糖果、饼干等），都容易对身体产生负担，造成高血脂、高胆固醇与高三酸甘油脂的问题，并不是瘦子就不会有三高，这是大家要多多注意的观念。若是要增重，除了提醒自己要多吃东西外，应该多摄取富含碳水化合物的天然食品，如：地瓜、香蕉、南瓜、蕃茄、香瓜、木瓜等食物，但不要吃太撑，适量的持续补充，少量多餐加上运动才是最重要的。

HEALTHY EXERCISE

享瘦男女看这里

➢瘦身运动的原则

减肥就是把我们身上的脂肪量减低，但是除了这样还不够，要拥有健康完美的身材，其实还需要加上一些肌力训练，这样会让我们的身材更为匀称、结实，更凹凸有致，而不是松散下垂，所以你应该注意的是镜子里的自己，而不是体重机上的数字。

在这里有一个广为大家所迷失的是：对女生而言，若是进行肌力训练会不会变得手很粗、腿很粗，变成像男生那样健壮？其实这是不用担心的，因为肌肉的合成是需要大量男性荷尔蒙"睾固酮"的，因此女性并不容易练成金刚芭比的身材，我反而要建议女生除了有氧运动外，更应搭配无氧的肌力训练，增加体内的肌肉量，这样对女性朋友而言好处多多，例如：拥有不易胖的体质、身材线条更迷人、久坐久站更不容易腰酸、脚酸等。

而健美小姐是因为有刻意去训练及调整饮食，甚至补充某些激素与营养，才能造就那样的身材，更何况使肌肉增长，并显现出明显线条是需要刻意锻炼的，并不是光靠运动就会如此的，维持更是不易，否则健美先生、健美小姐满街都是了。

在人体构造上，皮肤下面是脂肪，脂肪下面才是肌肉，当人体的肌肉量越多，人体的基础代谢率也就越高（**基础代谢率是指人体在非活动的状态下，维持生命所需消耗的最低能量**）。一般而言基础代谢率会随着年龄增加而降低，因此多数人都会说以前我怎么吃都不会胖，现在吃一点就会胖，这就是因为基础代谢率降低而引起的。因此，基础代谢率的提高是保持完美身材很重要的关键因素。

当我们进行大量的有氧运动、无氧运动及肌力训练时，会消耗我们的热量，燃烧体内的糖类、蛋白质及脂肪，使皮下脂肪层的厚度变薄，因此腰围、四肢就会逐渐变得纤细有线条。何谓有氧运动呢？基本上我认为运动强度要达到你会喘，但还可以正常的与人对话，才算是运动，另一个较科学的判定方式为：脉搏（心跳）速率是（220－年龄）的70%～90%为达到有氧运动的条件，且运动时间在20分钟以上。

持续长时间的有氧运动会大量消耗肌肉的生长激素，使肌纤维变得纤细有耐力；若要明显增加肌肉量，使肌纤维粗大，则需要加强激烈的肌力训练，如：无氧运动等，这类的肌力训练将增加男性荷尔蒙睾固酮的分泌，达到肌肉增长的效果。因此，女性朋友根本就不用怕身材越练越壮，我非常鼓励女性朋友除了进行有氧运动外，更要增加肌力训练等无氧运动，以增加肌肉量来雕塑完美的身材曲线，减低复胖几率，增进身体健康与活力。

对于男性而言除了进行肌力训练外，可试试多元化且有效的有氧运动，因为这样不仅可以增加肌肉量，也可以同时达到瘦身的效果，比起单纯的有氧运动而言，是可以获得更多效益的。

不过有些人看到这里，一定会觉得很纳闷，因为前面有提到长时间的耐力运动会大量消耗肌肉的生长激素，导致肌纤维不容易变粗，那为何又建议男性朋友两者同时并行呢？这是因为所谓"长时间"指的是持续2小时以上，所以一般的有氧运动，还是限于短时间的范围，它的功用主要是进行运动前的热身及运动后身体的舒缓，当然也可以帮助消耗热量，因此有氧运动的时间最长控制在60分钟内就好，除非男性朋友此时运动的重点着重于减重。想想看，你有见过哪个马拉松选手身材跟阿诺一样的？因此，你也可将有氧运动的时间拉长，以增加脂肪的消耗。

还有，何谓多元化且有效的有氧运动呢？比起定速的有氧运动而言，在运动时间及环境相同的状况下，强弱交替式的运动模式，可以增加热量的消耗。因为我们需花更多的能量去调整身体的整体运动模式，因此，当你觉得一成不变的有氧运动乏味了，而身体状况也都比以前提升了，那就可以尝试利用强弱交替的模式进行有氧运动，时间上可以依能力自行调配，高低强度时间比约为1:3或是更高，强度也因人而异，基本上运动模式控制在你很喘跟会喘之间（就是几乎无法正常说话及可以一边运动一边正常谈话之间的强度），以各种渐进式或不规则式的强度变化训练。

阿凯教练这么说

如何减低身上的脂肪呢？就是身体所吸收的热量要比消耗掉的少，在这样不平衡的状态下，体重就会渐渐降低，因此如何达到这种热量消耗与吸收不平衡的状态，就是我们瘦身的关键，可分成两个方向来达成：

①减少或改变身体吸收进来的热量模式，就是每日饮食的控制与注意。

②增加身体热量的消耗，就是增加每天的活动量，改变自己运动的习惯及提高基础代谢率。

若是能够同时进行，那效果就会事半功倍，若是只针对其中一项，那可能需要用较长的时间去累积效果，但"开始"是非常重要的，就算是一开始只改掉一个坏习惯，或是增加了一个好习惯，都是非常值得赞许的。在此我以诚挚的心赞许你的开始，因为你买了这本书就是一个开始，开始后就不要停下你的脚步；你从何时改变，你的一生与一身就从何时转变，持之以恒，终将有所成果。

利用饮食的调整，是将运动效果达到事半功倍的要素之一，但这里所指的并非不吃东西，而是要在适宜的时间吃适宜的食物，这是个很重要的功课喔！因为很多人对饮食控制会有非常多的借口，例如：没吃饭或没吃饱我就没有力气做事、我没办法忍受肚子饿的感觉、我就是喜欢吃肉、我无法忍受甜点的诱惑等，其实这都是过度紧张了，为什么还没开始就先为自己找了这么多理由呢？这里我就针对饮食上的注意事项，用七大点向大家说明：

1. 少量多餐：在肚子饿时就吃一点东西，可以减少因过度饥饿而造成的暴饮暴食，并减低对身体的负担，一整天下来，吃下的东西可能比只吃三餐的量还多，且更多元化，但尚可有效控制体重。

有个重要的观念要跟大家分享：人是很能适应环境的，用另一个角度来看，身体会因不同的饮食及生活形态，自行评估每一餐饮食的营养摄取量及方式；若是你常感到饥饿，但因还未到用餐时间而未吃东西，你的身体就会将每次吃下的东西全部储存起来，并且减少身上的肌肉量以减低热量的消耗，是因身体怕没东西吃，这是生物的本能反应，就跟熊、土拨鼠等动物在冬眠前会大量进食，以储存足够脂肪过冬的道理一样。若是你每3个小时左右就吃些东西，补充适当的营养与热量，你的身体就会觉得不用努力储存脂肪，也不用减少肌肉量，因为随时都有足够的养分，而且吃进来的热量又会刚好被基础代谢率消耗掉，形成供需平衡的状态。

2. 少盐、少调味料：过多的钠等各式调味料，容易增加肾脏的负担，会使身体呈现水肿状态，来平衡体内过量的电解质。我的亲身经历就是拍照前摄影师问我"昨天是不是去喝酒？"其实没有，是因为我前一天吃了太多美食，使我的身体明显水肿了。因此大多数健美选手在比赛前，都会严格控制饮食中盐分等调味料的摄取。

3. 少油、低脂：过多的油脂容易囤积在体内，造成肥胖，但是同样是油脂，也分好坏，植物性油脂通常较动物性油脂好，而好坏通常以所含的油脂种类来判断：

①饱和脂肪酸是不好的油脂，容易造成高血脂、高胆固醇，进而引起各种心血管疾病。通常存在动物身上，因此，应减少食用含有大量油脂之肉类，例如：霜降牛、梅花猪、猪培根、猪五花、猪蹄膀等，可尽量挑选瘦肉部位食用，或是以鱼肉、鸡肉为主，并去皮、避免油炸或烤焦之情形，以清蒸、水煮为主。

②不饱和脂肪酸是好的油脂，普遍存在各式植物油之中，及深海鱼类，其中又以Omega-3、Omega-6、Omega-9最为耳熟能详。而Omega-3经许多研究报道指出，所富含的DHA及EPA具有抗发炎、预防血栓的功能，因此可降低心血管疾病、中风、关节炎等多种疾病之发生，在饮食中常建议多用植物油代替动物油，并多食用鱼类。

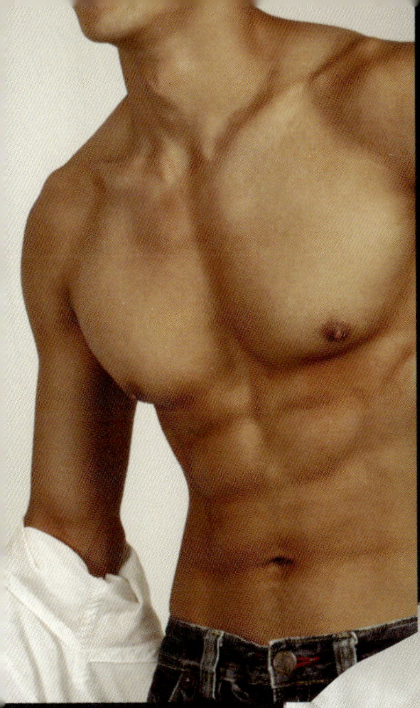

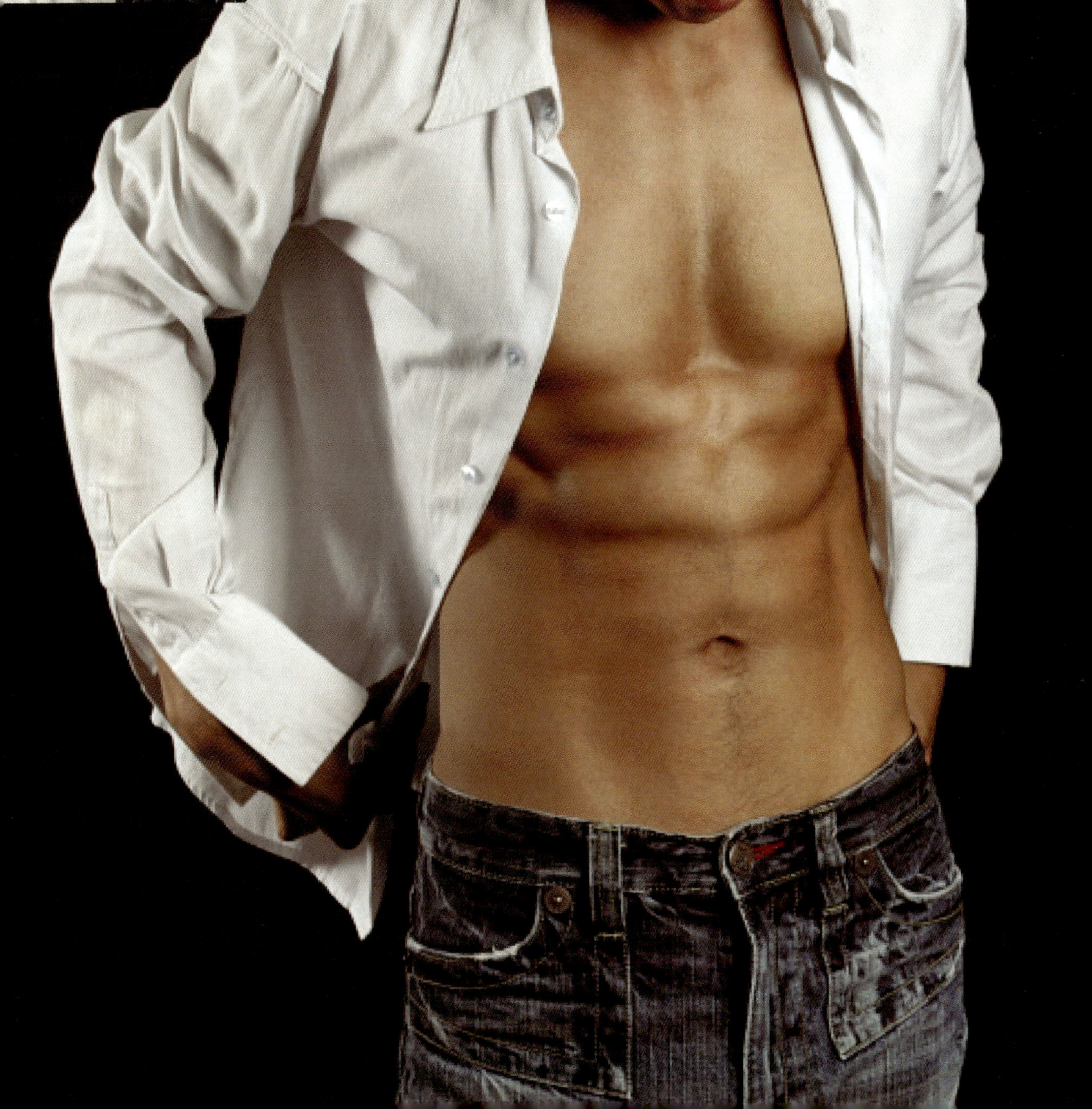

《阿凯教练这么说》

4. 低 GI 饮食（可依食物的特性判别）

①烹调方式越简单越好：水煮或清蒸的优于油炸、煎煮或红烧的，不但可保留食物的营养，更可减低过多油脂的摄取，或食物经熬煮后 GI 值升高的可能。

②食物种类与食用时间：多吃蔬菜水果，绝对是非常棒的一件事，但是吃错种类、吃错时间将会造成错误结果，例如：大部分的水果都是非常好的，通常 GI 值不高，是很适合在三餐中间当点心的食物，但还是要避免高 GI 者。以下几种水果就不适合，如：菠萝、西瓜、芒果、荔枝、龙眼、木瓜、香瓜、哈密瓜，虽然这些水果很好吃，但因为 GI 值高，所以不宜多吃，更不宜在饭后及晚上食用，除非你有大量的运动作为后盾或是你饮食不正常（例如一天只吃一餐），否则，胖是一定的。

睡前吃东西很容易造成肥胖及睡眠质量不佳，特别是以上所述的水果、高 GI 值及油炸类等高热量的东西，而吃太咸的食物也容易造成起床后水肿的现象。但是若真的很饿，补充适量的优质蛋白质，可以促进肌肉的增长，并维持身材喔！例如：无糖豆浆、低脂鲜奶或含优质蛋白的营养补充品，其中以营养补充品为佳，因为主要成分为蛋白质，比其他油脂及容易造成脂肪囤积的成分要少。

③结实程度：食物越是结实，就越不容易被消化，同样是面，意大利面的结实程度就比一般的中式面条高，相对的 GI 值较低，而全麦意大利面又优于一般的意大利面，荞麦面又比一般的面条好；在面包类也是一样，全麦类且结实的面包优于一般吃起来松软的面包。

④食物纤维的完整性：纤维是碳水化合物的一种，但它是属于不会被人体消化的糖，主要分为可溶性纤维与不可溶性纤维两种。在各种水果（如：苹果、葡萄柚等）、青菜、豆类、燕麦、大麦等食物中都富含可溶性纤维，而糙米、小麦粒等则富含不可溶性纤维，这些纤维质有助减缓消化速度，减低 GI 值及增加肠胃蠕动，促进排便排毒的功效。

⑤酸度：在食物中添加食用醋或柠檬汁，可以使食物的 GI 值降低，还有降低血压、舒缓身体酸痛及疲劳等各种好处，并可减少盐及各式调味料的添加，减轻身体负担。

⑥精致化及糊化的程度：食物被精致化后，就减少保护食物的纤维质，如：糙米→白米，不但营养变少了，GI 值也上升了。食物经过长时间烹煮后，变得糊化容易被人体吸收，因此 GI 值也就随之升高；所以建议在烹煮食物时，不要将食物煮得太烂、太软（例如：稀饭），而羹类的食物也是面粉、太白粉等因糊化而形成的代表物，不宜多食。

⑦各种食物的搭配比例：在正餐中饭、菜及肉的比例约为 1：2：3，意思是：1 份饭、2 份蔬菜、3 指幅的肉，饭可由糙米、小麦、大麦、面、地瓜等替代，蔬菜是多吃有益健康（但马铃薯、南瓜、甜菜等少数蔬菜是属于高 GI 值的食物，应适量摄取），肉类原则上以鱼肉为佳，其他尽量挑瘦肉吃，少吃皮及富含油脂的部位。

5. 营养补充品：有时在进行瘦身时会感觉身体不太适应，或是增加运动量后，感觉身体较为疲劳，因此，适时适量的利用营养补充品来补充各种营养素，是很方便的选择，其中以综合维生素最为普遍，在特殊营养上，如：含有葡萄糖胺、钙质、高蛋白的各式食品，也可因运动及身体状况调整。

6. 增加饱足感：在日常饮食中，多摄取富含纤维的蔬果，或在两餐之中食用，都有助增加饱足感，减低正餐暴饮暴食的几率；或是善用营养补充品，如于两餐间饮用可减少正餐的食量，又可补充优质的营养，减少吃零食的机会。

　　7. 多了解食物的 GI 值：记住自己常吃及喜欢吃的低 GI 食物（见 P111），适时适量的食用，可以简单又快乐地瘦身喔！

　　而消耗热量就是最基本的减肥原则，正常来说 1 公斤体重的热量大约等于 7700 大卡，要减肥就是要消耗身体多余的脂肪，因此如何持续简单的消耗热量，就是我们瘦身运动的重点：

　　①全身性的运动是非常好的方式，想想看要消耗相同的热量，只使用一块肌肉比较快，或是用十块肌肉呢？用跑步来计算好了，你轻松地慢跑 10 分钟，所消耗的热量可能跟你做几百下俯卧撑是相同的，因此选择全身性的运动是比较容易达成减肥效果的。

　　②可以持续 30 分钟以上的运动（例如有氧运动、慢跑），据研究表明，一般人在运动 20 分钟后才会开始利用脂肪产生热量，所以时间太短的运动对于消耗脂肪的效果是有限的，基本上为了顾及体力状况及舒适度，通常我们可以选择能持续长时间，达到会喘但还是可以说话的强度，让自己能够维持在一定的心跳频率〔算法为（220－年龄）的 70%~90% 之间〕，心跳速度过快或过慢，就表示运动强度太高或不足，不易达成有氧运动的运动形态。

　　③确实清楚每次运动的量，利用时间及脉搏等方式衡量，身体所消耗的热量跟运动的用力程度并非等值的，以做伏地挺身为例，做 100 下伏地挺身对很多人来说是非常累的事，但是所消耗的热量却远不及以 5 公里每小时的速度慢跑 10 分钟，这样的速度其实跟快步走差不多而已。因此不是越吃力的运动就越有效，而是需要能持续的消耗热量。

　　④选择可以自行调配运动强度及时间的运动种类，这样可以确保你持续不断的长时间运动，不会因为太累或想偷懒而失去了运动的效果，例如：跑步、游泳、快走、跳绳、固定式脚踏车、丢飞轮等。

　　⑤持续不间断的做运动，运动效果是可以累积的，或许没有办法一蹴而就，但是一天、两天、一星期、一个月、两个月下来，效果是非常惊人及可观的。以我自己为例，之前曾经体重高达 86 公斤，我用了 2 个月的时间将体重从 86 公斤降为 73 公斤，我靠的就是持续不断累积运动的结果。

　　以上的理论终于啰唆完了，现在就准备好你的运动服装及器材，到下个单元来跟着我实务操作吧！

阿凯教练教你做

热身运动

热身运动也是软身运动，可由简单的伸展运动或是慢跑等，在轻松的状态下让我们的身体醒过来，告知身体：我们要开始训练或运动了！让体温升高、提高血液含氧量及肌肉血流量等，使我们的肌肉和肌腱能有充足的养分以及较强的伸展张力，来提升我们的反应能力和肌力，以应付接下来各种激烈的运动，有效减少运动伤害和肌肉酸痛的发生。

若是没有时间跑步和促进全身循环的热身运动时，我会在进行单项的训练前，先用较轻的负荷，进行较多次的训练，至少让要训练的肌群感受到压力，提高训练肌群的血流量，以渐进式的方法增加负重，代替全身性的热身活动；若是在冬天，或对于不易出汗的人来说，我会建议在热身时先穿着全套的长袖服装，加快体温升高的速度，以达到热身的效果。

热身运动真的很重要，特别是对于我们消防员来说，实在有太多因为热身不足而造成职业伤害的机会，我有些同事就曾经在执行救护勤务的时候，因为搬运病患者而受伤，原因就是没时间热身。消防员24小时全年无休，但又不知道何时会有意外或灾害发生。半夜接获案件，很容易在没有任何热身的情形下，就开始执行勤务，而我们的勤务又都是属于高强度的剧烈活动（例如：迅速安全地将病患者由5楼搬运至楼下、全副武装破门、破窗进行救灾等），因此受伤的机会就比一般人高出许多。所以平时就要多多利用时间自我训练，增加自己的肌力，以减低伤害的发生率，否则一旦受伤了，就会很麻烦，偶尔看到同事受伤后都要休养几周甚至几个月，真的是很辛苦。还有，过度的疲劳也容易造成运动伤害。因此，运动前请确实做好热身，并确认自己的身体状况，过于疲劳就该休息。

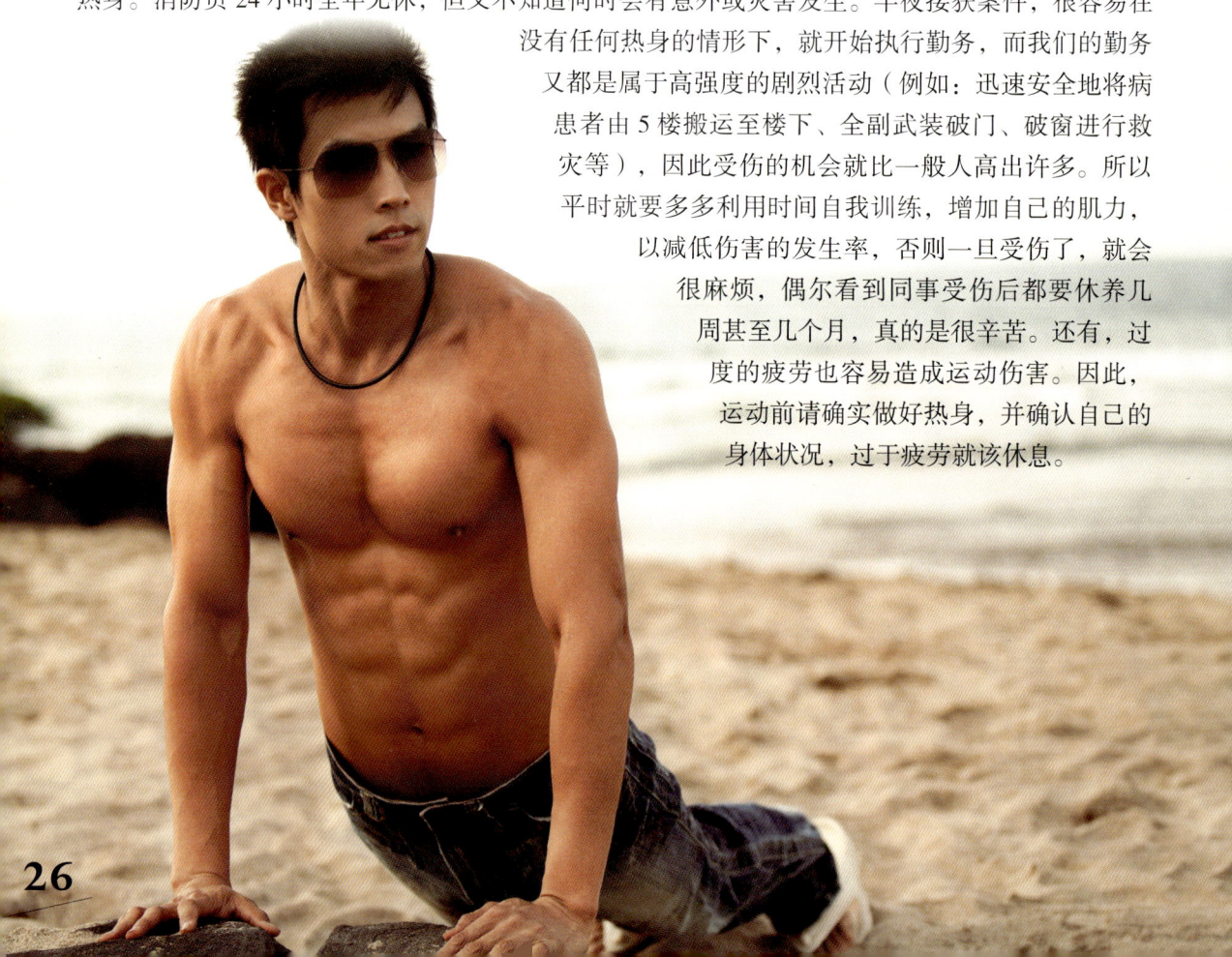

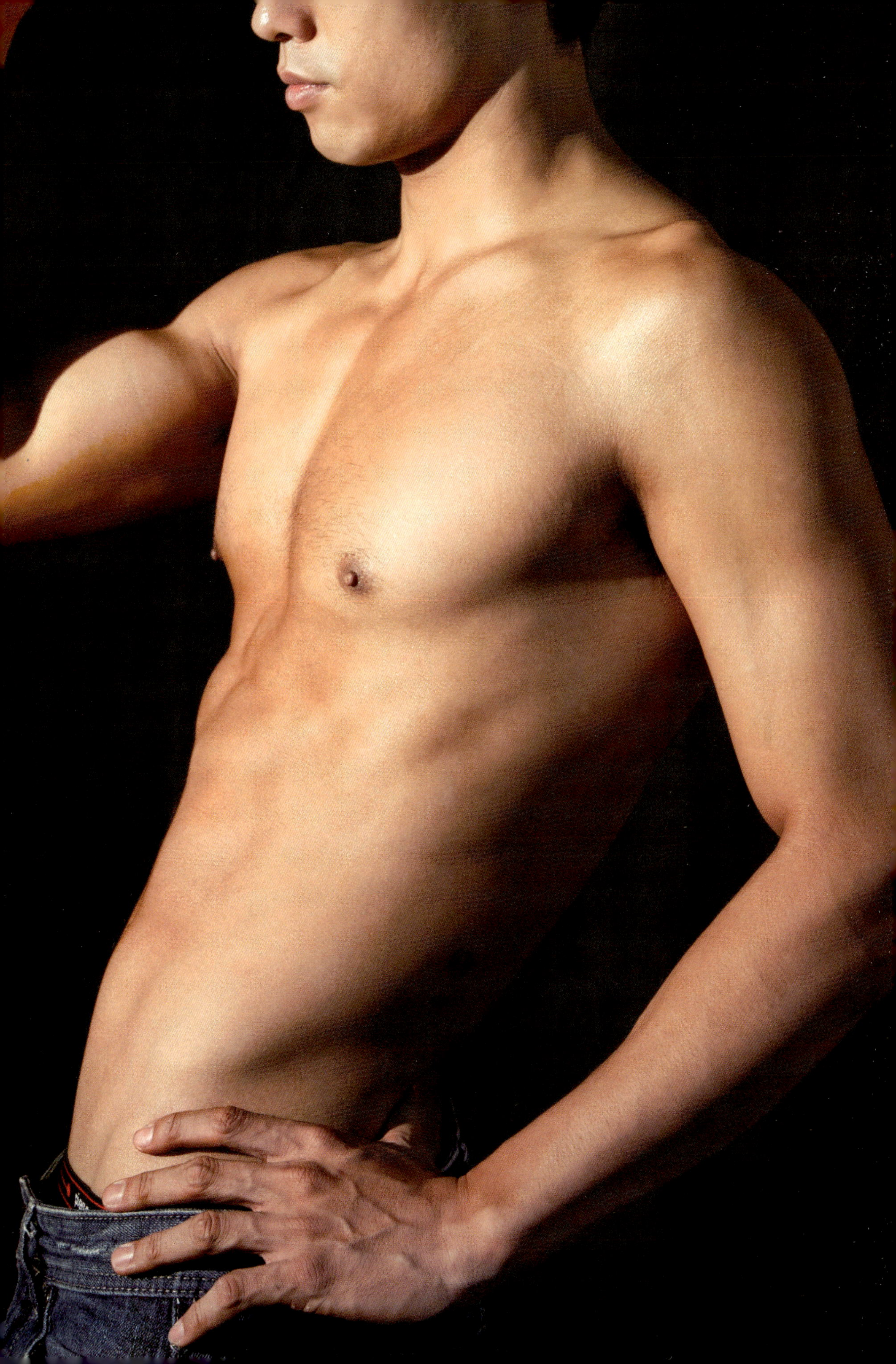

《阿凯教练教你做》

胸部肌群训练法

我们最常见的胸肌训练法，就是利用自己的体重成为阻力的伏地挺身，但是为什么大多数的人都练不出漂亮的胸型？这跟训练的方法及饮食都有相当的关系，胖的人会看不出胸型，瘦的人则不易长出立体的胸型，因此，胖的人需着力于瘦身的部分，减少脂肪的堆积，使身体的线条更为明显，而瘦的人则需要加强肌力的训练以增加大肌肉，并辅以饮食的配合，补充足够的营养。但为何有些人很壮，却看不出美丽的肌肉线条呢？因为我们的肌肉上方是由脂肪所包覆，上来才是皮肤，而肌肉练得再壮，若是没有将体脂降低，只会看见手脚变粗、胸部变大，但是却没有线条，唯有将体脂肪降低，才能使皮肤与肌肉贴近，进而看见完美的肌肉线条。所以，让我们开始针对"重点"着手锻炼漂亮的身形吧……

胸肌训练方式

1. 屈膝伏地挺身

通常初学者或较少运动者，可以从此姿势开始练习。首先要双膝并拢趴于地板上，腰背挺直，如伏地挺身姿势，双手张开与肩同宽，手肘伸直并撑起身体为预备动作（图29），操作时手肘自然向外弯曲使身体下降，并同时吸气，当身体达最低点时（图30），在此停留1~3秒后，用力撑起身体并吐气，回到图29动作双手伸直，此时要注意的是腰背要挺直不可以隆起，腹部用力。

2. 伏地挺身

一般来说这是大家最熟悉的姿势，但是有一些重点及运用方式，是大家比较不习惯的，我将于下面给大家介绍。首先双脚并拢伸直，用脚尖撑地，身体成一直线，腰背挺直同时腹部用力，双手张开与肩同宽或成1.5倍肩宽（图31、图32），手肘伸直并撑起身体为预备动作。操作时，手肘自然向外弯曲使身体下降，并同时吸气（图33），当身体达最低点时，在此停留1~3秒后，用力撑起身体并吐气，回到图31双手伸直动作，此时要注意的是腰背要挺直不可以隆起，腹部用力（图34）。

HEALTHY EXERCISE 　　　　　　【胸部肌群训练法】

图33

图34

腰背挺直，缩小腹，同时锻炼中央肌群喔！

图35　未锁肩时

图36

【运用的方式一】

　　增加锁肩的动作可以扩大胸肌运动的有效范围，提升胸肌训练的效果，此时双手可略宽于肩。

　　通常锁肩这个动作是用于仰卧推举时，且一看就知道是老手还是新手，差别在于肩膀的运用，老手是让两侧的肩膀成一直线，内缩靠拢左右两侧的肩胛骨（图36），就像是刻意挺起胸膛一样，使胸大肌处于伸展的状态，操作时，只有手臂弯曲及伸直，肩膀是固定不动的，这样会增加胸部肌群的刺激，进而更有效促进胸肌的增长。若是使用充血型的训练，则手臂不要伸直，不给胸肌休息的机会。操作充血型的训练至肌力不足时，可先将膝关节着地（图37），将双手伸直挺起上身，再慢慢向下，重复刺激胸部（图38）。此种由减力再转充血之操作方法，身体向上时要尽量加速，可让肌肉达到化学性压力的刺激，并由借力操作时所形成的间断性出力方式，对肌肉进行分段式的加压，增加血液的流通量，以延长伏地挺身的次数及时间，进而提升肌肉耐力与肌肉的生长效果。

图37

图38

29

《 阿凯教练教你做 》

【运用的方式二】

心形伏地挺身。将双手手掌向内靠近，使左手的食指、大拇指与右手食指、大拇指各自接触（图39），如图双手接触成心形后，操作伏地挺身（图40）。此做法可以增加夹胸的效果，刺激胸部增长。

图39

图40

图41

【运用的方式三】

划船式伏地挺身。操作时将手与脚的距离缩短，将臀部翘至最高点（图41），向下时，将双肘弯曲，胸部向下压至接近地面，此时臀部仍保持翘高状态（图42），接下来将身体往前方推进，臀部顺势向下移动（图43），此时胸部往前及向上拉提至最高点，整个背部的移动方向如一个U字型（图44）；返回时，顺着原动作往回操作即可。切记！胸部一定要先下压至最低点，才能往后、往上推，使身体回到预备动作。此方法可增加胸肌不同角度的刺激，增进胸部的肌肉增长。

图42

图43

图44

30

HEALTHY EXERCISE 【胸部肌群训练法】

3. 悬空式伏地挺身

　　操作时可使用三张椅子，将双脚固定于其中一张椅子上，双手分别放在其他两张椅子上。操作方式同基本式伏地挺身，此悬空式伏地挺身的特色为身体下方无障碍物，比一般伏地挺身向下的角度更大，胸肌延展的范围亦更为宽广。

　　悬空式伏地挺身也有另外一种应用方式，只用两张椅子来操作，将双脚固定于一张椅子上，双手放至另一张大椅子的两侧扶椅上（图45、图46），若想增加胸肌下侧的受力，使胸肌的曲线更为漂亮，则操作时膝关节微弯。操作时两张椅子不可靠得太近，否则力量容易被肱三头肌和肩膀吸收，效果反而大打折扣。

图45

图46

图47

4. 抬腿式伏地挺身

　　操作时需要一张椅子或桌子，将双脚并拢伸直，脚尖固定于桌子或椅子上，其余动作要领同基本伏地挺身（图47、图48）。此操作方法会增加上胸肌的受力，可刺激平常比较不容易训练到的上胸部，增加其厚实感，使胸线看起来更为明显。

图48

31

阿凯教练教你做

图49

图50

5. 哑铃上举

操作时人要躺着且膝关节弯曲，哑铃置于左右手两侧，双手手肘微弯，将哑铃由身体两侧往上推举至胸部上方（图49、图50）。注意哑铃位置不要往头部方向太过接近，要超过锁骨，否则压力会落在肩膀上及背上，若是手肘伸得太直，容易对肘关节造成太大的压力与不适，且注意哑铃的握柄方向是与身体呈现平行状态。

图51

图52

另一种哑铃上举的方法，差异点在于哑铃上举时，双手手肘与地面呈垂直，哑铃握柄的方向与身体是呈现垂直状态而非平行（图51、图52）。

看看我！
不是盖的吧！

32

6. 哑铃上举+旋转

操作时躺在地上，膝关节弯曲，哑铃置于左右手两侧，双手手肘举起哑铃后，此时哑铃握柄方向与身体呈现垂直状态（图53）。在上举哑铃的过程中，将双手拳眼由向内转为向外（图54），此时哑铃的位置到达胸部上方（图55）。

图53

图54

图55

《阿凯教你做》

7. 利用卧推床、仰卧起坐器等器材

　　使用卧推床操作时，可调整卧推床之角度，训练胸大肌及胸小肌，加强胸型的锻炼。操作方式同哑铃上举，由于手肘下方有更大的空间，因此可增加胸部肌肉的伸展，操作方式有：①卧推床平行地面（图57、图58），②卧推床往上与地面约成45°（图59、图60）。

图57

图58

图59

　　若使用仰卧起坐器时，其重点同仰卧推举，由于施力时身体是呈现头下脚上的倾斜姿势，因此可增加胸肌下侧的受力，可以使下胸肌的曲线更为明显漂亮。

图60

34

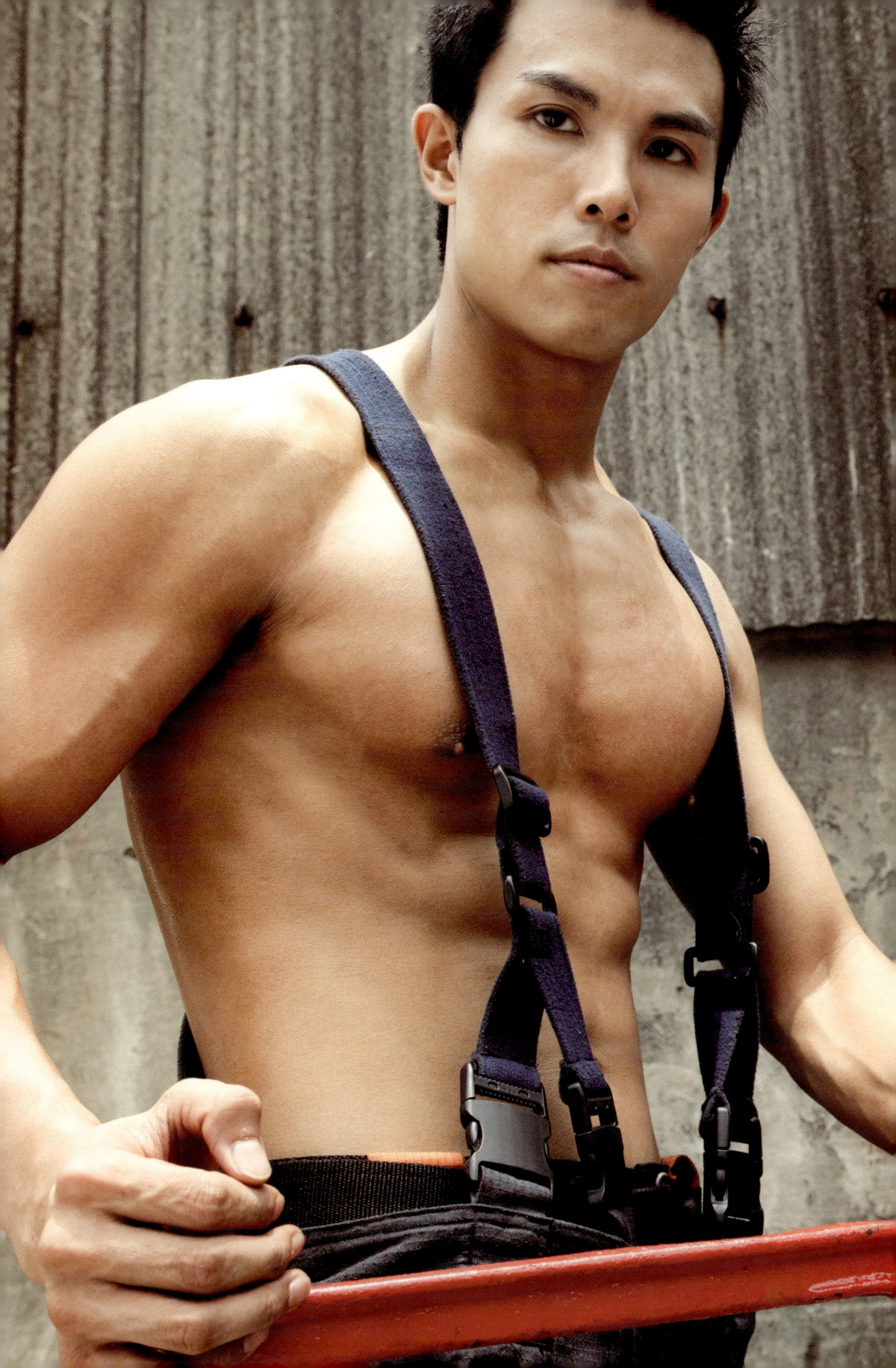

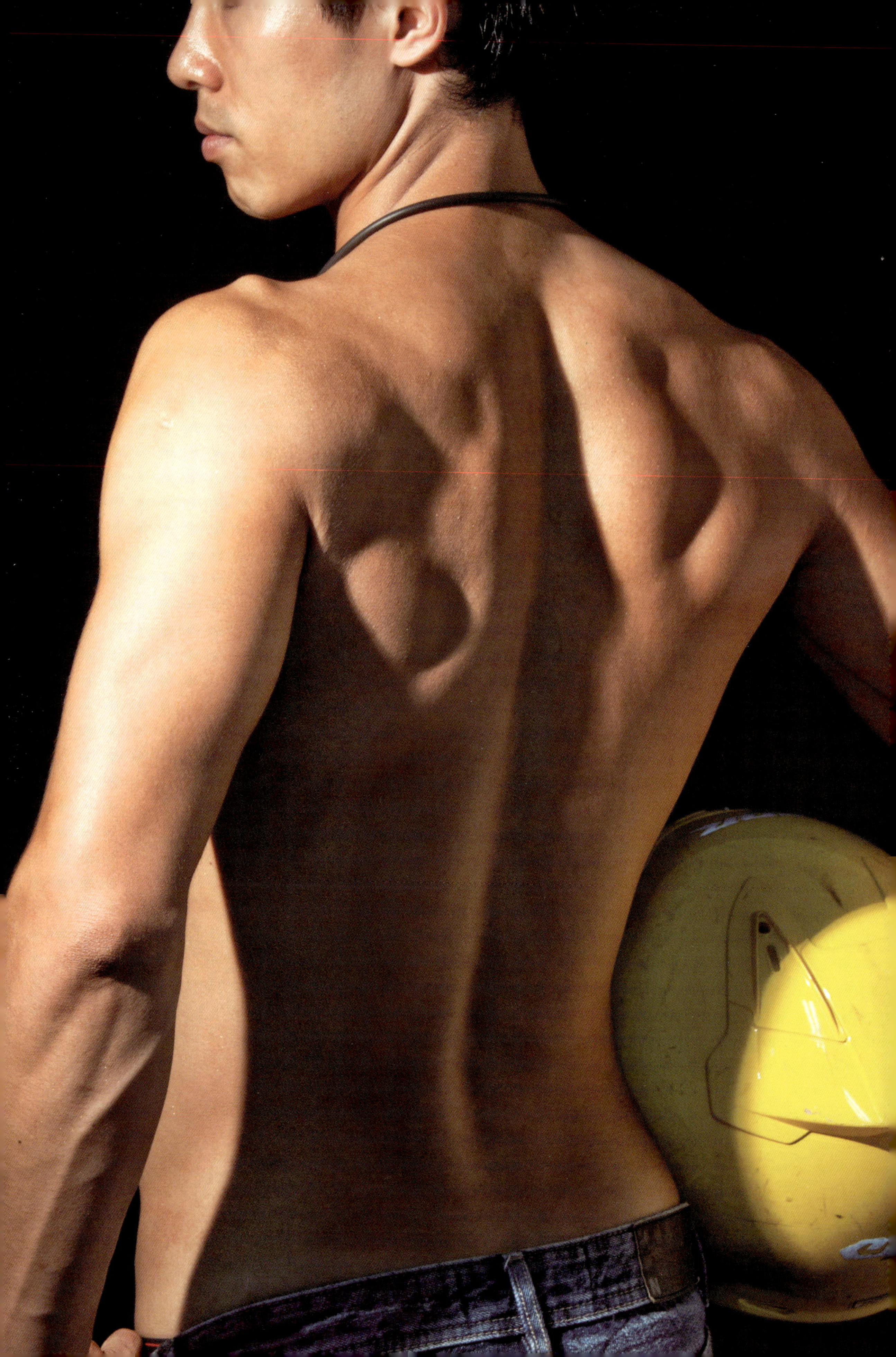

【背部肌群训练法】

背部肌群训练法

背部肌肉是我们平常较少锻炼到的地方，因此若是想要拥有完美的背部肌群，成为倒三角的身材，那一定要用心训练。背部肌肉在我们日常生活中的负荷量虽然比较低，但背部肌群的训练却非常重要，因为环绕在脊椎的竖脊肌等各肌群，是维持身体姿势的大梁，若是背部肌群太弱，则容易造成腰酸背痛、驼背，甚至容易闪到腰，特别是需着重装救灾或搬运患者的消防员更是容易发生。想要拥有完美的胸肌与腹肌，就需要拥有完美的背肌，这样才能平衡，任何一方皆不可偏废。

▶ 背肌训练方式

引体向上

这就是我们平常操作的拉单杠，预备姿势为双手自然向上延伸，双手正握单杠，双手宽度约为1.5倍肩宽，握住单杠后身体与肩膀放松，使身体向下垂吊。开始操作时，挺起胸膛，用手部引导背部的力量，感觉有点像要把手肘向下压，使身体向上拉高（图62），直至横杆低于下颌，稍作停留后，再慢慢将身体下降恢复至准备动作。注意，一定要慢慢的，因为此时是锻炼肌肉的最佳时机，若想要使肌肉增长，一定要确实运用使肌肉增长的方法来做训练，若是你想要增加肌肉量，又想要迅速增加引体向上的次数，可以在快速操作引体向上后，继续练习使用借力法操作至极限。

一般来说，我们在操作时是将单杠拉至下颌处，此时训练着重的是我们的背阔肌，若是在操作时将单杠拉至我们的后颈（图63），那则是着重于三角肌、大圆肌与斜方肌中、下部的训练，我们可依自己想要训练的部位，进行变换与交替。

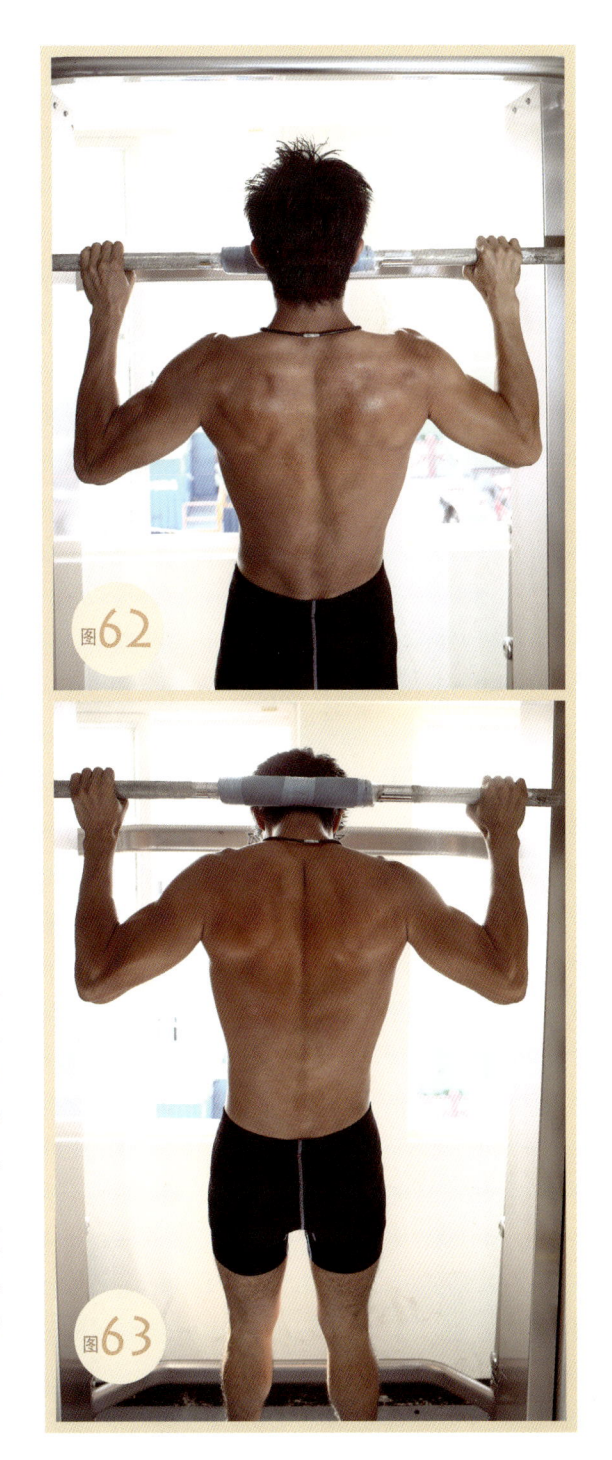

图62

图63

37

《阿凯教练教你做》

若是使用反手握单杠，一样可以进行操作与训练，此时双手约与肩同宽（图64），向上时须特别注意别使用手臂的力量（图65）。此操作法可以将背阔肌彻底的延展与刺激，但因不易正确使力，较常用力用错地方。

在引体向上使用借力法来操作，是利用反作用力法中比较复杂的，因此对于某些人是需要经由多次练习才能完成。首先可以将身体往前挺出，大腿与膝关节向后弯曲（图66），接着下腹部用力使下半身向前提起，身体顺势向上收腹，手肘背肌同时用力上拉(图67~图70）。善用这种全身性的借力方法，练成之后就可以轻松地连续操作拉单杠20~30次以上。

图64

图65

图66

HEALTHY EXERCISE 【背部肌群训练法】

图 67

图 68

图 69

图 70

阿凯教练教你做

若是平常较少训练，连基本的引体向上都无法完成的人，一开始我们可以选择较低的单杠，将双手握于单杠后，将双脚脚跟置于地上，身体挺直（图71），进行操作，如此一样可以训练到背部肌群。若是肌力不够，也可用大腿稍稍出力，让自己可以突破瓶颈往上拉（图72、图73），但在放下时一定要尽量使用背部肌群，避免使用腿部的力量。此方法是最简易的借力法，因此在自己训练至拉不上去时，也可以转由此方法继续操作，将自己逼到极限。

图71

图72

图73

【背部肌群训练法】

体前弯双手哑铃上拉

操作之预备姿势为：挺胸、腰部挺直、收小腹、臀部往后坐，使上半身前倾约45°，双脚打开与肩同宽，膝盖微弯，不超过脚尖，双手持哑铃自然下垂于身体两侧（图74）。操作时双手手肘往上，垂直将哑铃同时拉起，让哑铃碰到腹部后稍作停留（图75），然后慢慢放下。操作时不要刻意锁肩或挺起肩膀（这样容易只用到手臂及肩膀的力量，如图77），因此手臂及肩膀是自然下垂的（图78、图79），同时不要驼背，腰部一定要伸直，腹部微微用力，否则腰部容易受伤；双腿膝关节微弯，不要过度弯曲，否则容易造成膝关节的负担。（图76、图77为错误示范）

图74
图75
图76 × 驼背 屈膝
图77 × 锁肩或挺起肩膀
图78 侧面
图79 正面

41

《 阿凯教练教你做 》

反手体前弯哑铃上拉

　　操作的方式除了须以反手握哑铃外，其余的皆与体前弯双手哑铃上拉相同，这是利用改变握法来增加背阔肌的伸展与负荷，除了哑铃之外，也可使用杠铃来训练。要注意的是，将哑铃向上举起时，其用力的方式是将手肘往上提起（图81、图82），而非将手臂弯曲（切记不可使用手臂的力量），因为此操作法主要训练的肌肉为背阔肌，可以将背阔肌彻底的延展与刺激，但因不易正确使力，经常会用错地方。

图81

图82

【背部肌群训练法】

单手哑铃上拉

此动作训练的是背阔肌，操作的准备姿势为：找一张稳固的椅子或板凳，将身体的单侧手、腿固定于椅子上，另一腿则置于地板做平衡固定，另一只手则持哑铃自然下垂（图83、图84）。操作时手肘往上拉起呈90°，不需再刻意上拉，若手肘过高的话，对背阔肌训练效果反而不佳，此时哑铃的位置在腹部侧边下方，稍作停留后再将哑铃慢慢放下（图85）。

图83

图84

图85

《 阿凯教练教你做 》

还有另一种哑铃上拉的方式，先让身体前方的重心更低（图86），将身体刻意侧身（图87），再进行操作（图88），因此可感受到背阔肌的伸展及用力更为明显。

图86

图87

图88

来来来～先降低重心，再侧身，再举臂！

【背部肌群训练法】

俯卧躬身

操作时预备姿势为：身体俯卧于地面上，若是下腹部觉得不舒服，可用拖鞋、拼板或软垫等物品垫在两侧，或是直接在舒适的床上操作。双脚脚尖垂直地面，双手向两侧打开，手肘弯曲，手掌掌心朝向耳朵（图89），上半身上仰，胸部离开地面，注意头部不要过度后仰，颈部伸直，双眼直视前方（图90），腰部也不是越弯越好，过度后仰反而容易伤到腰，上仰的高度因人而异，在自己的舒适范围内即可，但胸部一定要离地，感觉背部与腰部有收缩用力的感觉即可。

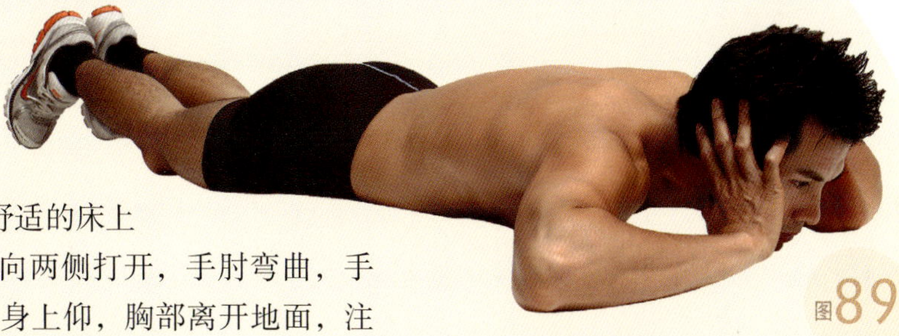

图89

图90

另一种不同的操作方式：

准备姿势一样伏卧于地上，但双手姿势略有不同，只须摆在身体两侧，双手向后自然伸直，手掌朝上（图91），身体上仰，双手同肩部一起抬至与肩膀平行（图92），放下时肩膀、背部与头部时都要放松，让下巴可接触地面，再继续第二次的操作。

图91

图92

45

《 阿凯教练教你做 》

蛙人操

　　这里的蛙人操只示范以下这种，且训练到的不光是整个背部肌群，而且连手臂及腿部都同时得到了训练。预备姿势为：身体俯卧于地面上，若是下腹部觉得不舒服，可用拖鞋、拼板或软垫等物品垫在两侧或下方，或直接在床上操作即可。双手双脚平行于身体，同时向前、向后伸展，同游泳的预备动作，操作时手脚同时向上举起，身体呈凹字状，并以对称之方式将手脚向上下摆动，即右手向上举时，左脚同时向上举；左手向上举时，则右脚同时向上举，见图 93、图 94，左右交替适当次数后休息 30~60 秒，再继续进行 3~6 个循环（可使用瑜伽垫进行训练，以保护身体）。

图 93

图 94

这是陆地上的游泳啦！

46

【背部肌群训练法】

俯身挺背

俯身挺背的操作，通常是我们在健身房利用背部伸展椅来进行，其实也可以在家中进行，就是准备坚固的板凳、桌子或在床上操作（但最好请朋友或家人帮你做固定，较为安全）。俯身挺背所能训练到的，除了背部的竖脊肌外，变换固定点后，还能训练我们的臀大肌及大腿后侧的股二头肌等肌群。

操作时预备姿势为：俯卧于板凳上，肚脐以下固定于板凳上，上半身露出板凳外并以胃部为中心，自然下垂（图95），操作时，以胃部为中心，将身体向上，挺起背部，至腰杆挺直后，稍作停留（图96），再缓缓放下。手部摆放之位置，可放在头部两侧或胸前皆可。

图95

别小看这招，可不简单啦！

图96

图97

✗ 错误姿势
（过度上仰易造成腰部不适）

47

《阿凯教练教你做》

若是想要增加负荷，也可以手抱哑铃等器材，置于胸前位置（图98、图99）。切记！腰杆勿过度后仰如图97，否则容易造成脊椎之压迫。

图98

我手上拿的是哑铃啦！

图99

图100

图101

若是固定点在髋部与股关节处，则训练到的肌群会变成臀大肌与股二头肌等腿部肌群（图100、图101）。

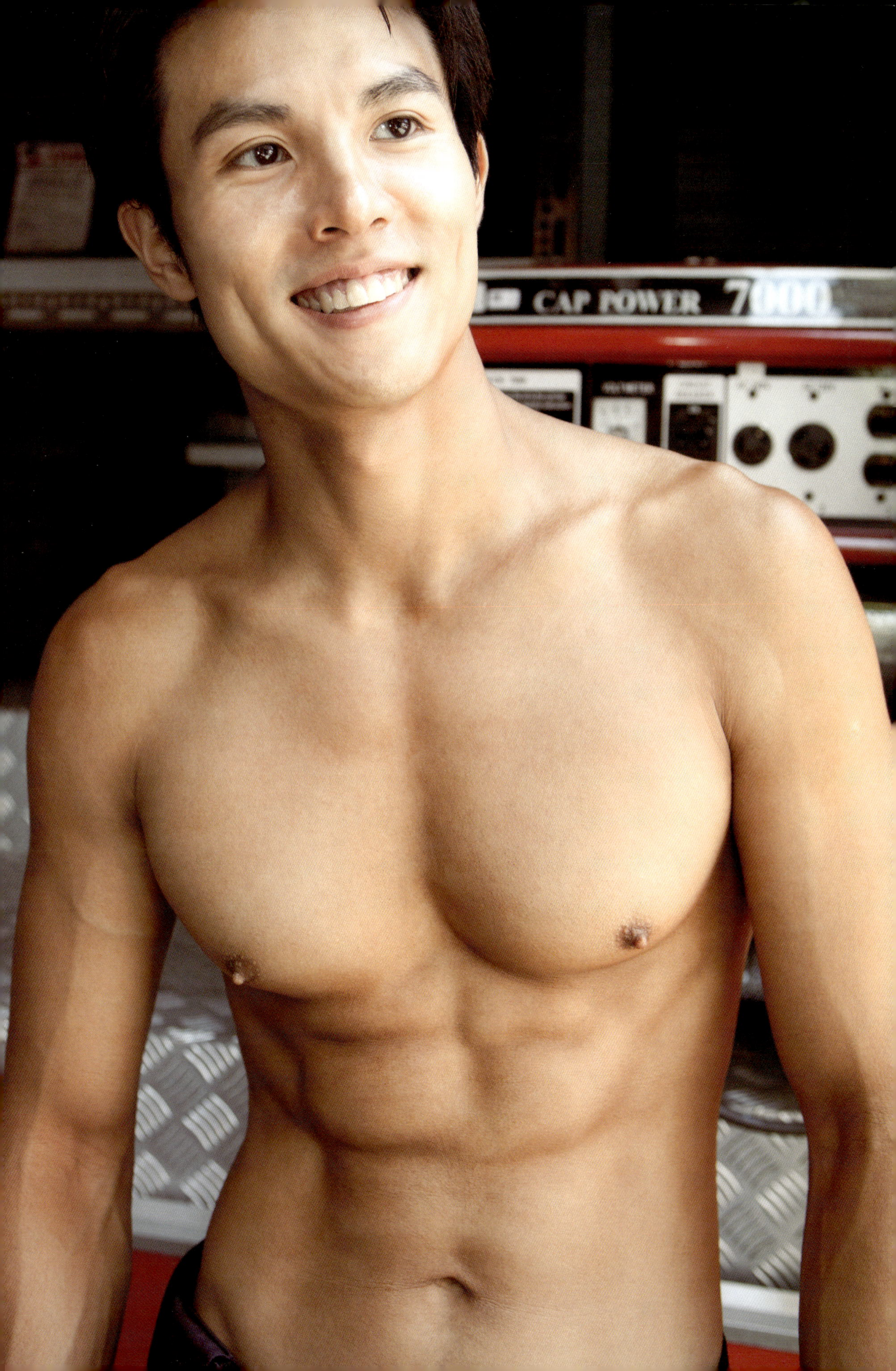
CAP POWER 7000

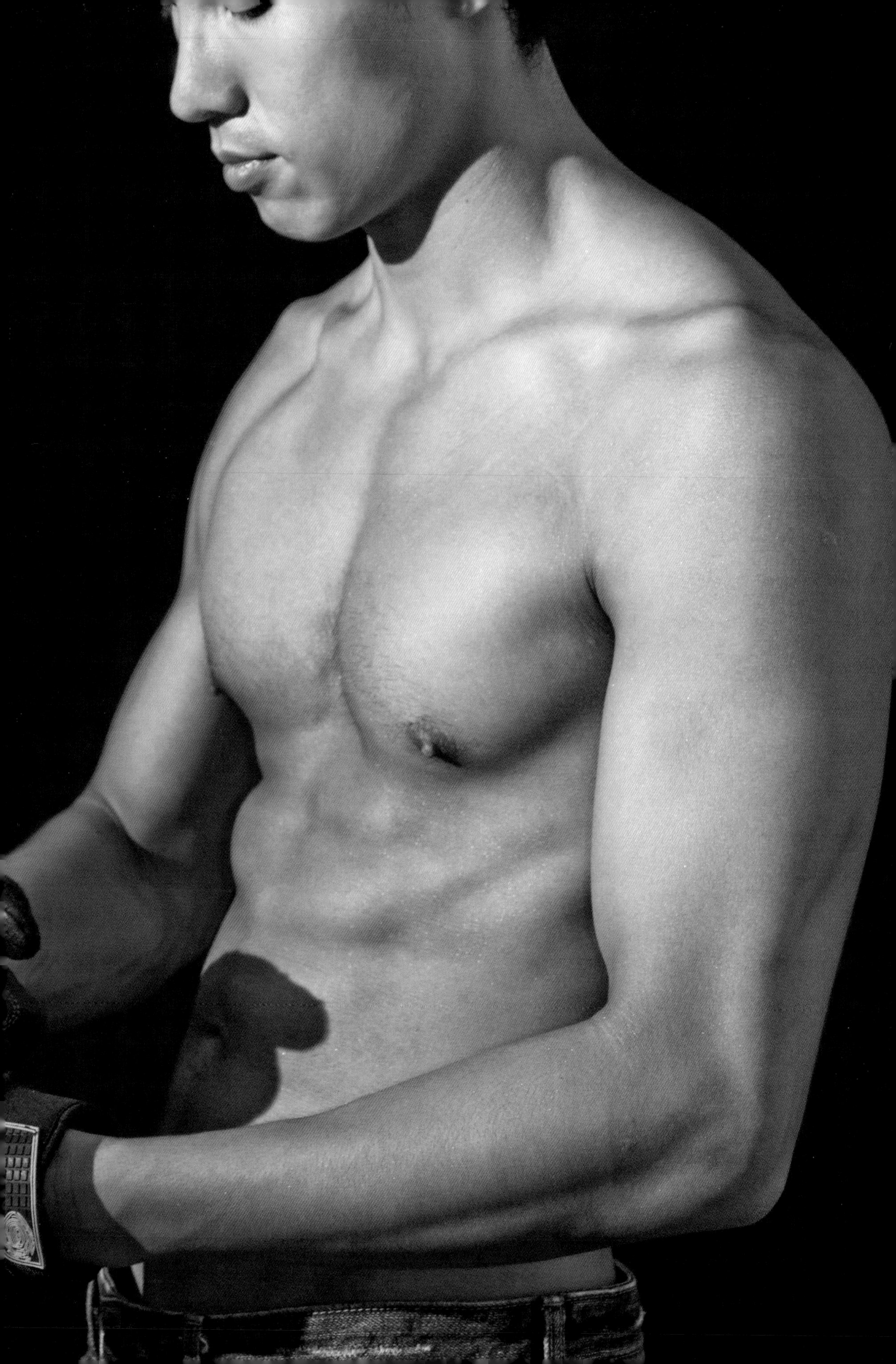

肩部肌群训练法

肩部肌群主要包含斜方肌及三角肌，这两个肌群我们平常并不容易锻炼到，但是肩部肌群的锻炼却很重要，因为人体平常上半身的运动几乎都会用到肩部肌群，是人体很重要的一个枢纽，它的发达与否会影响到人体在运动或训练时，上半身其他肌群所能发挥的最大强度。而厚实的肩膀更是男人给女人依靠的地方，因此肩膀的锻炼是很重要的，只是多数人并不很清楚如何有效且适当地锻炼肩部肌群，例如：斜方肌如果锻炼得适当，肩部就会变得厚实，但锻炼过头时，容易看起来脖子粗短，反而适得其反；三角肌如果锻炼得当，肩部会向身体两侧延伸，使得肩膀变宽，看起来就像一个标准的衣架子，怎么穿衣服都好看又有精神，而且手臂的线条也会更为鲜明。

前面有说到肩部肌群是我们上半身运动的枢纽，因此我们在锻炼胸肌或背肌时，都会运用到三角肌来带动，也同时会训练到三角肌，但是直接针对三角肌进行训练，得到的效果会较佳，特别是针对刚开始健身的人，因胸部及背部的肌群强度不高，相对的对三角肌的刺激其实是很有限的；而在斜方肌的训练中，斜方肌上部是属于肩部锻炼的部分，训练时基本上都会同时训练到上、中、下这三个部分，接下来让我们开始锻炼吧！

▶▶ 肩肌训练方式

哑铃肩部推举

操作之准备动作为：双脚与肩同宽，挺胸站直，腰部伸直且收腹，不要弯腰驼背，记得腹部要用力，腹部未用力时易造成腰椎过度前弯，导致腰椎受到压迫。将哑铃举至头部两侧，手肘约成90°（图105），哑铃高度不可低于耳朵，因为哑铃高度若太低，压力将会转移到肩关节上，使三角肌的负荷降低，达不到训练的效果。

图105

双手不必伸太直喔！

操作时，双手同时用力，将哑铃上推至双手接近伸直（图106），再缓缓将哑铃放下至准备位置。双手上推哑铃时若完全伸直，压力将会转移至关节上，因此上推时只要将手臂推至接近伸直即可。

操作哑铃肩部推举时，亦可以坐在椅子上操作（图107、图108），不一定要站着操作。两者的差异在坐着时不易使用全身性的借力法来进行训练，但优点是可以让下半身的肌群在训练过程中有时间休息。

如果操作时发现腰部痛，可先将哑铃之重量减轻，并尝试调整自己的姿势；若还是无法改善，则可坐在有靠背的椅子，将腰背紧贴于椅背上，减少腰部的负担后，再进行训练。

若是要进行充血式的训练，则上推哑铃的动作与将哑铃放下之动作速度都要减慢，并且确时注意手肘不可伸直。

若是想再加强训练效果，可于无法确实完成动作时，使用借力法突破瓶颈，将肌力发挥到极限，操作时可将双腿膝关节微弯，瞬间双腿用力伸直，将力量传导至身上，同时双手用力上举，再缓缓放下。

图106

图107

图108

【 肩部肌群训练法 】

杠铃肩部推举
　　杠铃肩部推举之操作重点同哑铃上举，双手距离约1.5倍肩宽，基本之操作方式为杠铃放下时，横杠位于后脑之位置（图110、图111）。

图110

图111

《阿凯教练教你做》

另一种操作方式为：杠铃放下时，横杠之位置在我们的前方（图112、图113），比起横杠在后方而言，对锻炼三角肌的前部，效果更为显著。

图112

图113

图114

哑铃前举

操作时准备姿势为：双脚与肩同宽站立，双手持哑铃置于身体两侧，手肘微弯（图114）。操作时双手同时向斜前及向上平举（图115），哑铃举起之高度至视线前方时，稍作停留后，再慢慢放下。

图115

54

【肩部肌群训练法】

图116

　　此方法可调整手臂与身体的角度，进行三角肌前部及中间部位两个肌群之训练，若是想训练多一点三角肌前部，就将手向身体内侧多靠一点，因此也可选择一次一只手进行操作（图116）。

哑铃平举

　　操作时准备姿势为：双脚与肩同宽站立，双手持哑铃置于身体两侧，手肘微弯（图117），双手同时从身体两侧向左右平举，哑铃举起之高度至耳朵时（图118），稍作停留后慢慢放下。此操作方法与哑铃前举之差异在：锻炼到的肌群大小不同，哑铃前举着重在三角肌前部，哑铃平举则是同时运用到三角肌前部及中间部分。一般而言，哑铃平举运用到的肌群较哑铃前举多，因此操作时所使用的哑铃重量亦更重。

图117

图118

《阿凯教练教你做》

图119

飞鸟式哑铃平举

此操作方法顾名思义，就是像飞鸟展翅一样，准备姿势为：挺胸、腰部伸直、收小腹、臀部往后坐，使上半身前倾约45°，双脚打开与肩同宽，膝关节微弯但不超过脚尖，双手持哑铃自然下垂于身体两侧，手肘微弯（图119）。操作时双手如同展翅般，向上将哑铃举起至肩膀之高度，然后稍作停留（图120），再慢慢放下。

图120

此操作方法对腰部及腿部都有相对的负担，若是先前有对腰部及腿部进行训练，也可坐在椅子上操作。准备姿势为：坐在椅子上，腰部伸直收小腹、挺胸，身体向前弯（图121），其他手部操作姿势同站姿（图122）。

图121

图122

【肩部肌群训练法】

侧卧式哑铃上举

此种操作方式对大部分人而言，是有些陌生的，这是针对基本的三角肌训练方式已经习惯，而且感觉对肌肉的刺激感已经减弱时，能够再次带给三角肌强烈损伤的伸展式训练法。而伸展式训练法的特点，主要是在于能够将训练部位的肌群完全伸展，使肌肉于接受负荷时增加更多的刺激，以达到增大肌肉的效果。

> 这招练成，可以增大肌肉效果！

图123

操作时准备姿势为：侧躺在长椅上，下方手用于固定身体，上方手握紧哑铃自然下垂于身体前方（图123），此时应该感觉到三角肌之中间部位及后方有紧绷感，这代表三角肌的中后部位有完全伸展。操作时将哑铃从侧面往上举高，至与身体呈现90°角的位置（图124），再将哑铃慢慢放下。

图124

《 阿凯教练教你做 》

图125

若是操作时的准备动作是将哑铃置于身体后方（图125），其操作的方法与前面一样，差异只是在于将哑铃放下来的位置在身体的后方，此时所伸展到的部位为三角肌的前部（图126）。

图126

利用弹力绳进行训练

以上是利用哑铃所做的训练，其实很多训练动作在一开始，也是可以用弹力绳来进行的，且弹力绳体积与重量皆比哑铃等训练器材来得方便。但弹力绳要先做固定，再开始操作，是很安全且适合初学者矫正姿势使用的器材（切记：训练的动作标准是最重要的）。但若是要增大肌肉，则在习惯正确的操作姿势后，再试着使用更高负荷的器材，效果会更好。

58

【肩部肌群训练法】

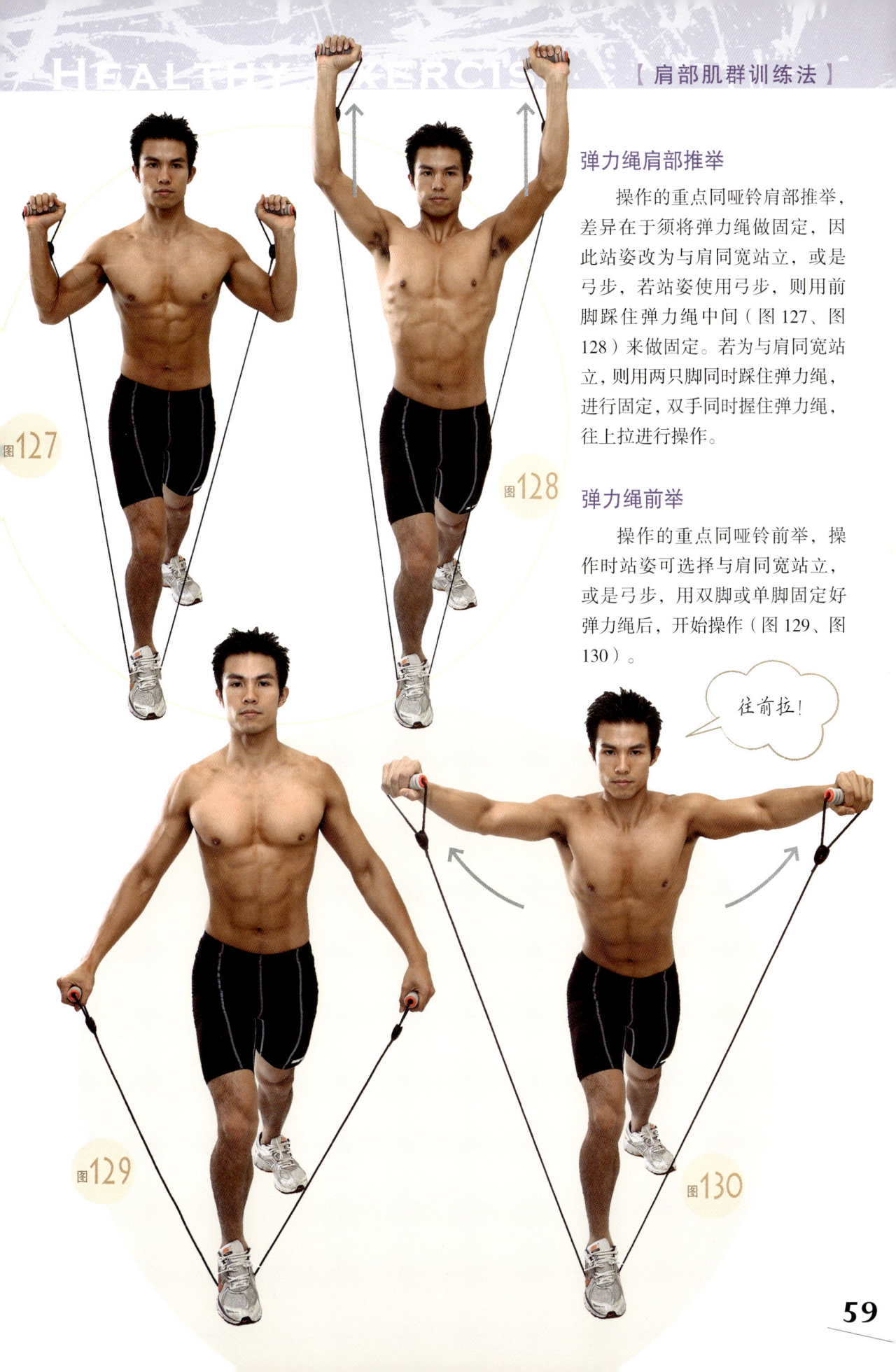

弹力绳肩部推举

操作的重点同哑铃肩部推举，差异在于须将弹力绳做固定，因此站姿改为与肩同宽站立，或是弓步，若站姿使用弓步，则用前脚踩住弹力绳中间（图127、图128）来做固定。若为与肩同宽站立，则用两只脚同时踩住弹力绳，进行固定，双手同时握住弹力绳，往上拉进行操作。

图127　图128

弹力绳前举

操作的重点同哑铃前举，操作时站姿可选择与肩同宽站立，或是弓步，用双脚或单脚固定好弹力绳后，开始操作（图129、图130）。

往前拉！

图129　图130

《阿凯教练教你做》

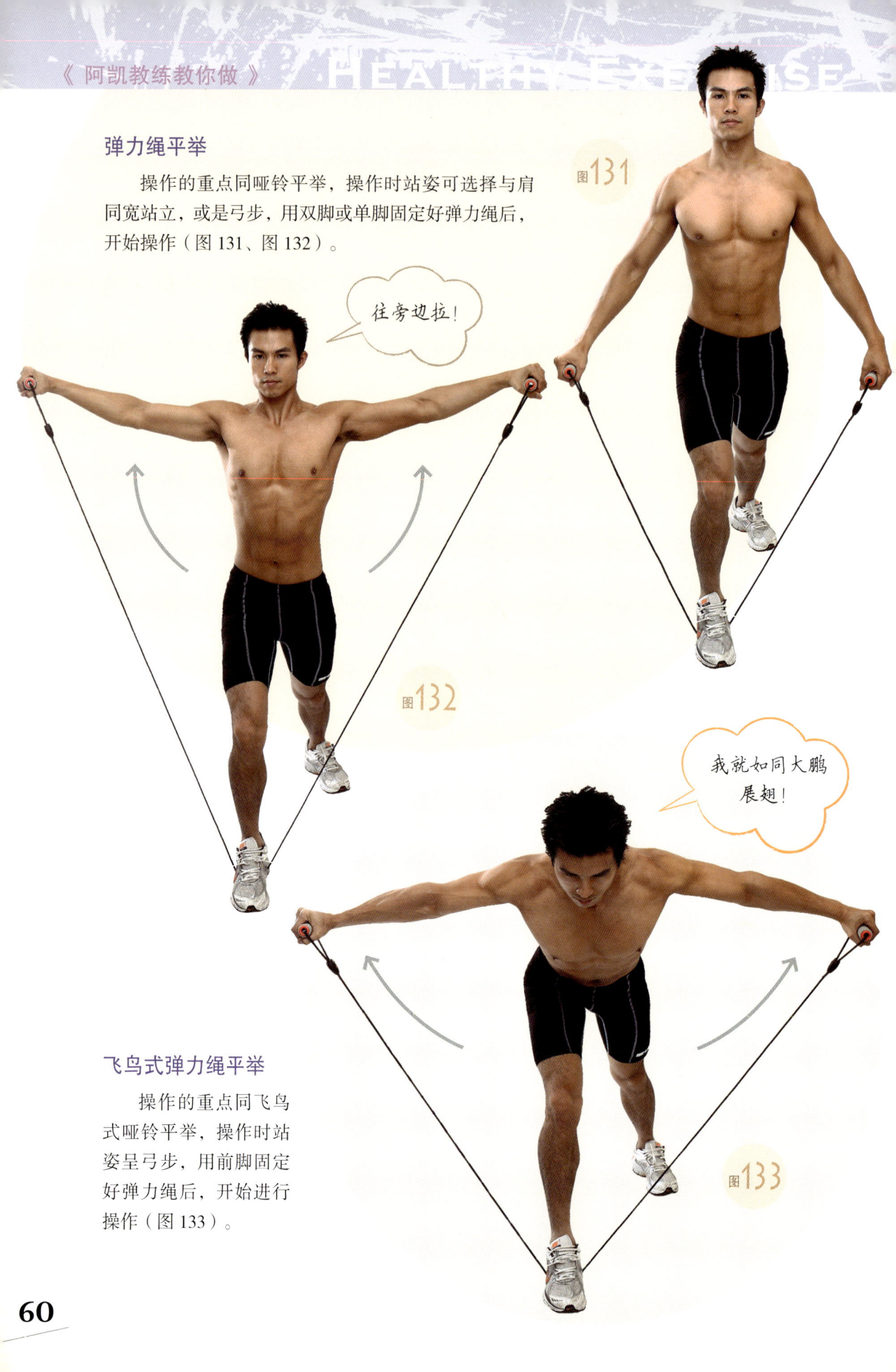

弹力绳平举

操作的重点同哑铃平举，操作时站姿可选择与肩同宽站立，或是弓步，用双脚或单脚固定好弹力绳后，开始操作（图131、图132）。

图131

往旁边拉！

图132

我就如同大鹏展翅！

飞鸟式弹力绳平举

操作的重点同飞鸟式哑铃平举，操作时站姿呈弓步，用前脚固定好弹力绳后，开始进行操作（图133）。

图133

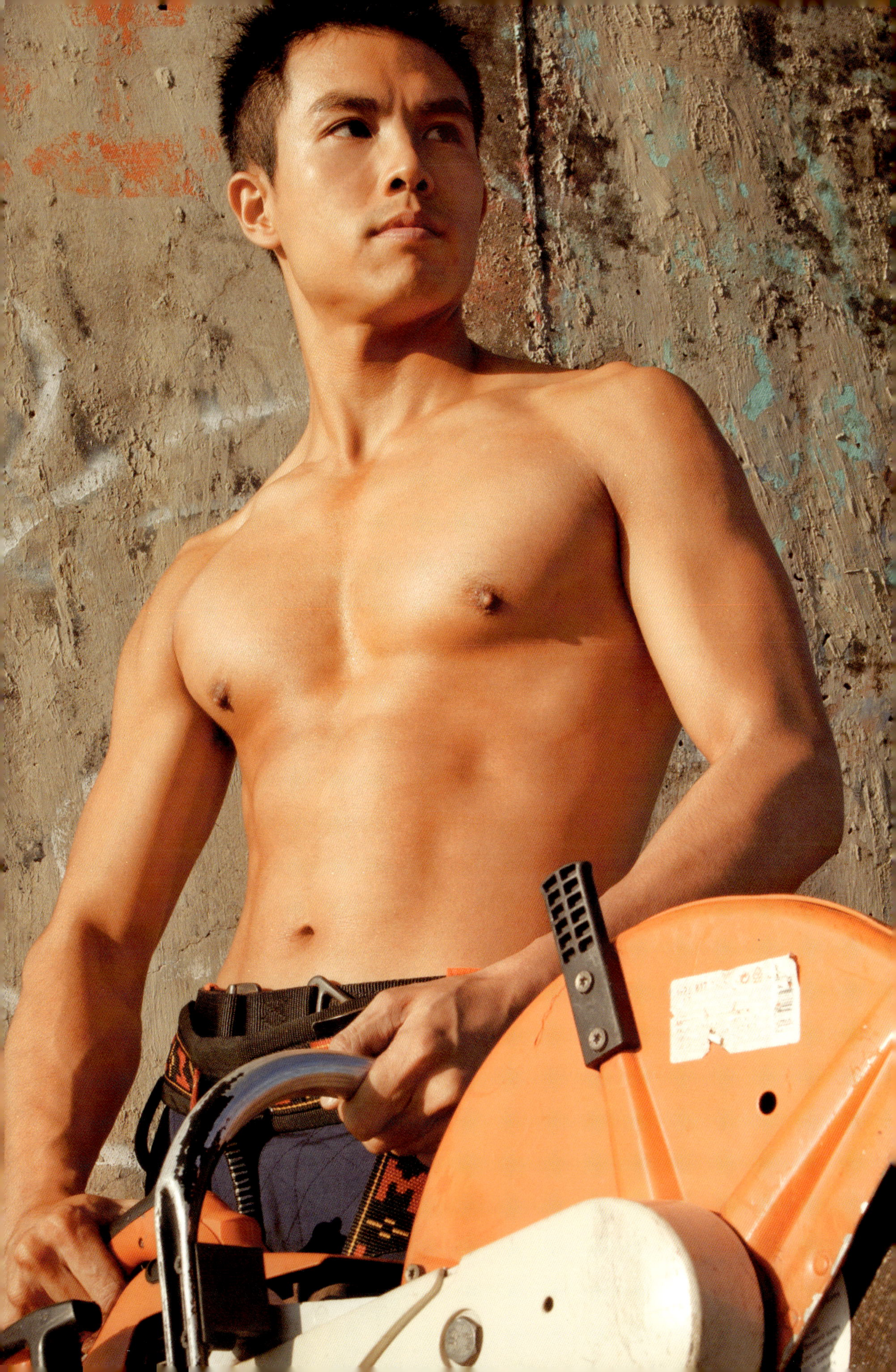

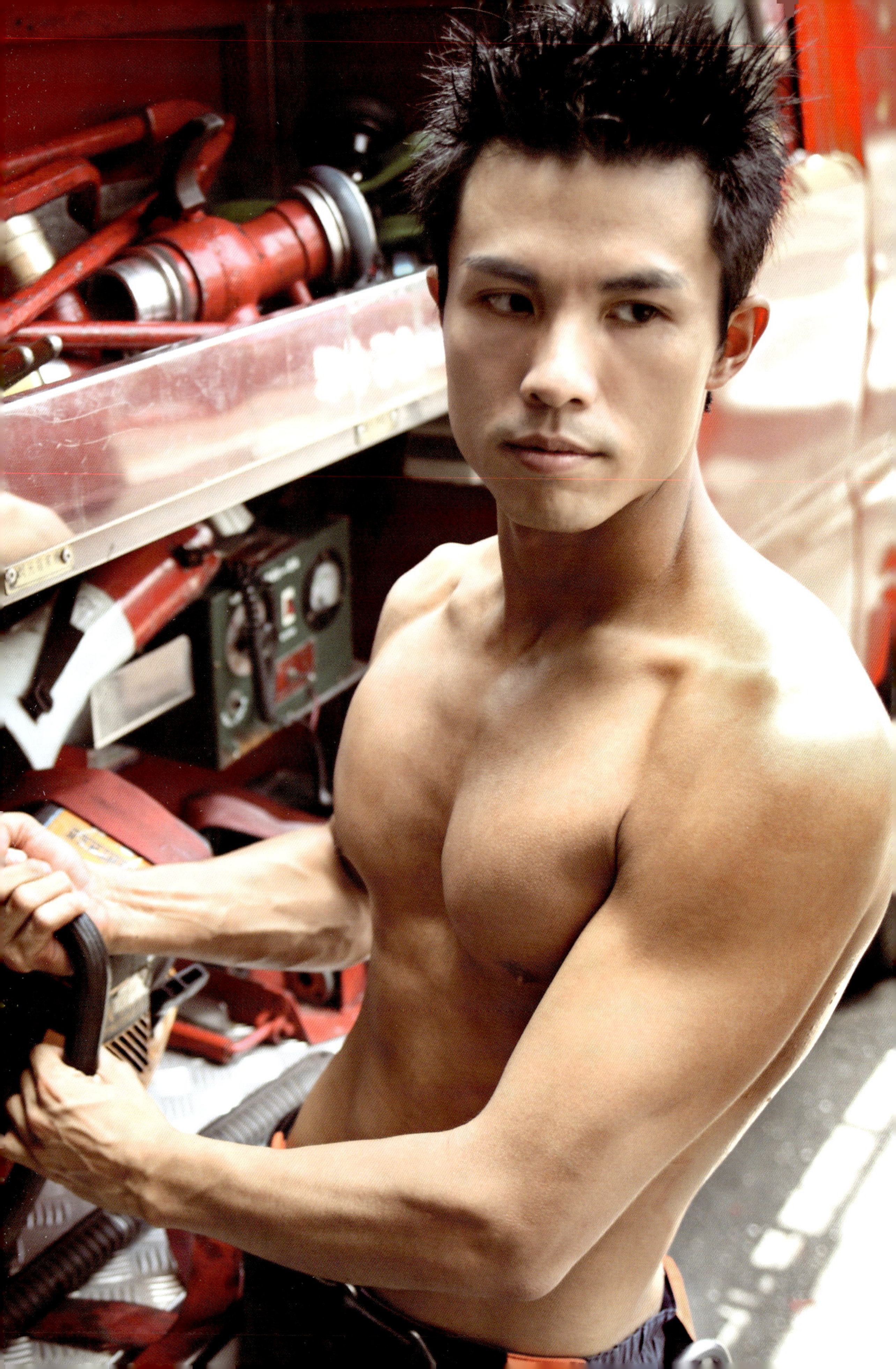

手臂肌群训练法

我们平常比较会锻炼的手臂肌群为：上臂的二头肌与三头肌，及前臂的肱桡肌。手臂的肌群对我们而言，除了美观外，在日常生活中更时时会被我们运用到，它堪称是我们身上最发达的肌群之一。但也因为这样，手臂肌群的适应力很强，除非天天都在进行搬重物等高强度的活动，否则想要拥有饱满而鲜明的手臂线条，一样是需要特别锻炼的。记得我之前训练时去学攀岩，那位教官的手臂真的是非常的饱满，特别是他的前臂竟然比上臂粗，也就是说他的肱桡肌特别发达，我想这跟他常常在攀岩有非常大的关系，他可以轻松地用两只手指头拉单杠，这跟攀岩时的肌力与技巧运用是有关系的。

手臂肌群是我们在进行胸部及背部训练时，扮演着牵引的重要角色，它几乎是每次肌力训练时都会参与到的肌群，也是属于身上较小的肌群。锻炼的时机通常是在我们进行完胸部、背部的训练之后，再来进行训练；若是先训练手臂肌群，再训练背部及胸部等较大的肌群，你会发现有气无力，明明胸部或背部都还没到极限，可是手臂却已经无力带动训练的部位，因此要依循先从大肌群再到小肌群的训练方式，而手部肌群的锻炼，是放在每次训练的后段来进行。

要有完美的身材，还包括了能与身材相匹配的手臂及腿部线条，就我自己而言，我的胸肌算是我最满意的部位，但我觉得手臂线条还不够完美，让我们一起为自己的完美曲线继续加油吧！！

≫ 二头肌的训练

其实二头肌主要分为两个部分，分别为：二头肌的肱二头肌（是双关节肌）与肱肌（是单关节肌）。而肱二头肌是位在肱肌的上方，因此我们较容易看见肱二头肌与肱桡肌的变化。

利用宝特瓶代替哑铃

若你想进行重量训练，却又不想花大笔钱购买哑铃，那么可用宝特瓶来作为替代的工具，目前市售宝特瓶装饮料有各种不同的容量，从600ml到5000ml不等，你可以选择适合你的重量与瓶身大小，内装满水来进行基础训练。当你训练一阵子后，发现这个重量对你而言已经太轻了，那么可以将宝特瓶装沙，提高宝特瓶的重量，又可以继续进行训练。若是这个重量仍觉得不够使用，那么再将宝特瓶填满湿的沙子，由于水会将沙子的空隙填满，因此宝特瓶装湿的沙子会比直接装沙的重量更重。如果这些都还不够你训练，你可以选择重量更重的填充物，例如：铁砂、螺帽、铁钉等，来作为训练的工具。

《阿凯教练教你做》

利用毛巾

利用毛巾训练是最简单也是最难的训练方式，说它简单的是因为训练器材只需要一条毛巾或浴巾，不需其他辅助器材，说它困难的是要找到一个朋友跟你一起操作，最好是力量不会小于你，身高差不多的，较为方便。

此方法之预备姿势为：两人面对面站立，相距约前臂的长度，双脚微弯或呈弓步（身高落差较大时），两两相对站稳。操作者手心向上握住毛巾，双手与肩同宽，抗力者手心向下握住毛巾，双手在操作者双手之间，距离约一个拳头宽（图138）。操作时，操作者双手手肘夹紧腋下固定，双手向上用力，同举哑铃之动作，抗力者则一样双手手肘夹紧腋下固定，双手向下用力抵抗操作者，用力的程度约是：操作者双手能向上弯曲，但却要很用力。当操作者双手位置已达胸部之高度，开始慢慢向下（图139），此时两个人都同时还要再出力，抵抗者不可将力量减小，直到两人双手伸直后（图140），操作者再次往上弯举。重复此动作至操作者无力再往上时，抗力者可以将抵抗之力道稍微减弱，使操作者能往上操作，但向下时要再恢复力道，使操作者更用力抵抗，缓慢放下，以增进肌肉刺激之效果（操作的次数及观念请参考15页使肌肉增长的训练方法与观念）。此操作方法可同时锻炼到操作者之二头肌与抗力者之三头肌，操作组数结束后，更可两两交换，进行不同肌群之训练。▲ 图141～144为错误姿势，请注意

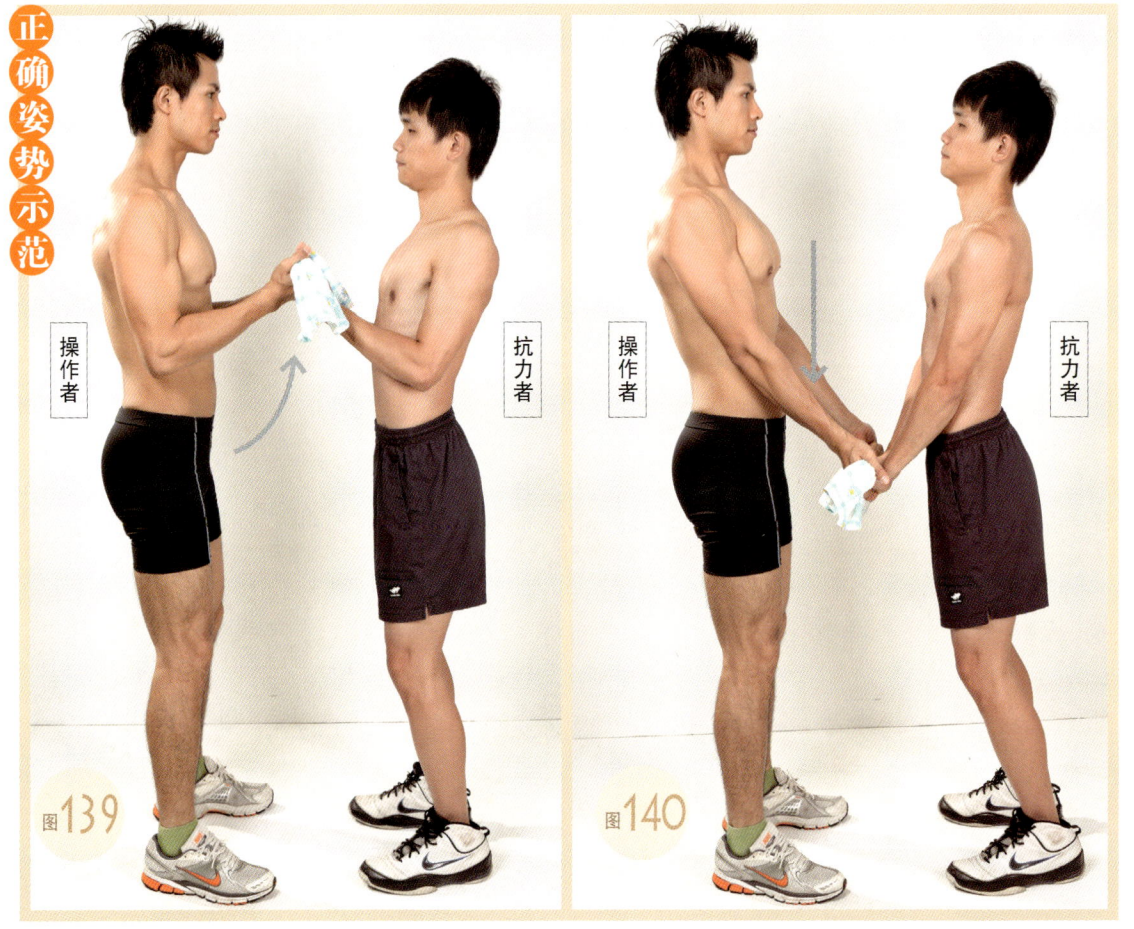

★ 感谢黄韦中先生协助示范. 摄 影／林见儒

HEALTHY EXERCISE 【手臂肌群训练法】

错误姿势示范

图141 — 利用身体的重量下压 ✗

图142 — 利用身体的力量上拉 ✗

图143 — 两人站得太近，不好施力 ✗

图144 — 两人离得太远，也不好施力 ✗

65

《 阿凯教练教你做 》

站姿哑铃手臂弯举

　　这是我们最常使用的举哑铃姿势，准备动作为：挺胸、腰杆伸直，双脚与肩同宽，膝关节微弯站立，双手掌心向前握住哑铃，自然下垂于身体两侧（图145），操作时双手上臂及肘夹紧，前臂弯曲将哑铃上举至胸前之高度（图146），稍作停留后，缓缓放下。

图145

图146

当进行充血式训练时，哑铃放下至与身体呈45°即停止（图147），且立刻向上（图148），往上举及往下放的时间大约各3秒。

图147

图148

【手臂肌群训练法】

站姿哑铃直式弯举

此操作方式是着重于肱肌的训练，操作时准备姿势为：挺胸、腰杆伸直，双脚与肩同宽，膝关节微弯站立，双手拳眼向前握住哑铃，自然下垂于身体两侧（图149）。操作时双手上臂及肘夹紧，前臂弯曲且将哑铃上举至胸前之高度（图150），稍作停留后，缓缓放下。

图149

图150

《 阿凯教练教你做 》

图151

图152

图153

站姿哑铃手臂外旋弯举

　　此操作方式一开始所运用到的为肱肌与肱桡肌，当前臂外转时则会训练到肱二头肌。操作时准备姿势为：挺胸、腰杆伸直，双脚与肩同宽，膝关节微弯站立，双手拳眼向前握住哑铃，自然下垂于身体两侧（图151）。操作时双手上臂及肘夹紧，前臂弯曲且将哑铃上举至胸前之高度（图152），将哑铃再上举的同时前臂也做向外翻转的动作（图153），稍作停留后，缓缓放下。

【手臂肌群训练法】

坐姿单手哑铃手臂弯举

操作时准备姿势为：选择一张适当的椅子坐在上面，双脚打开，距离约1.5倍肩宽，首先单手持哑铃将上臂及肘固定于大腿内侧，另一只手可固定于同侧脚上，以用来协助固定身体（图154），或是于操作至极限时用于辅助，突破个人瓶颈，增加操作强度。切记！操作时，脚与手应做好固定，不可随意摆动使用借力之行为，否则会降低训练的效果，除非是训练已经进入最后阶段，要利用借力的方式增加肌群整体负荷量时，才加以使用。

操作时手应放下至与地面垂直，再往上举起，这样可以有效地使二头肌伸展与收缩，但也有人是放下时只放至45°角，随即上举，这是运用充血式的训练方式，也可以在训练时加入反复交替，会有不一样的效果，且训练也较多元化。（图155、图156）

图154 放下至垂直地面

图155 举起

图156 使用另一只手辅助

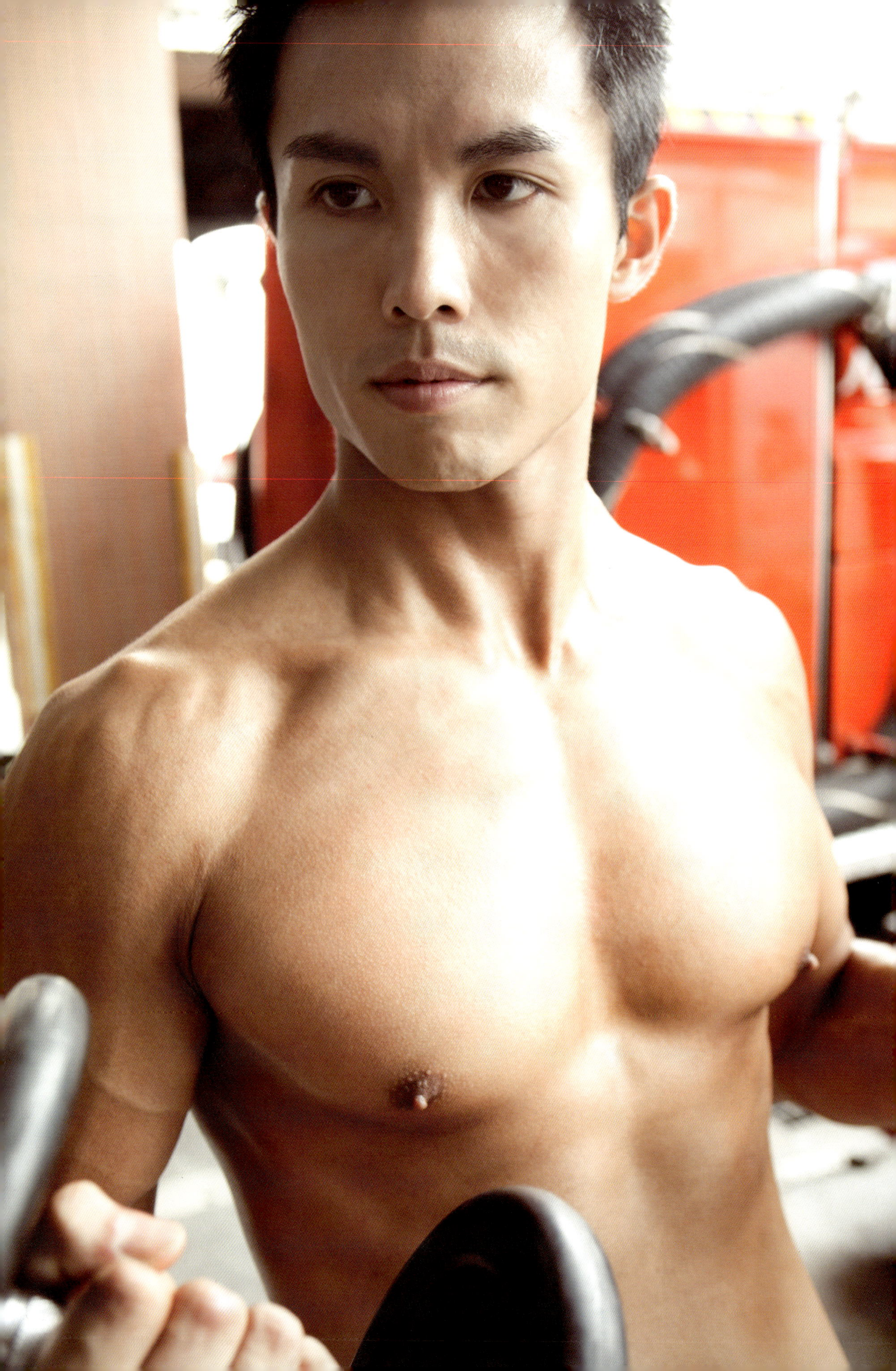

【 手臂肌群训练法 】

图158

斜躺操作哑铃手臂弯举

操作时准备姿势为：选择一张适当的椅子坐在上面，但坐姿是将背部靠在椅背上，臀部坐在椅子前端三分之一处，使身体与椅子约成45°斜角，其效果跟健身房在用的调整椅作用相同（图160），双手握紧哑铃并调整好坐姿后，双手自然下垂于身体两侧（图158）。操作时双手上臂及肘夹紧，前臂弯曲且将哑铃上举至胸前之高度（图159），稍作停留后，缓缓放下。

此操作方式目的是将肱二头肌做最大之伸展，加强单一肌群之刺激与训练效果，改善一成不变的训练模式。

图160

图159

71

《阿凯教练教你做》

图161

图162

仰卧进行手臂弯举

若椅子不好实施斜躺操作哑铃手臂弯举的伸展式训练法，也可以直接躺在长凳或是床上进行操作。操作时，将持哑铃之手臂自然下垂（图161），然后前臂弯曲将哑铃上举至胸前之高度（图162），稍作停留后，缓缓放下。若是在斜躺操作哑铃手臂弯举时，无法体验完全伸展的感觉，用此操作方式，可以更明显地感到胸肌及肱二头肌的伸展。

斜板弯举

原本斜板弯举是健身房中才使用得到的器材，用于固定上臂及手肘，让我们操作时上臂往前，使肱二头肌这条双关节肌放松，将训练的负荷集中在肱肌及肱桡肌上。若是在家中，我们可以准备一张稳固的椅子，使用它的椅背来进行操作，准备姿势为：先在椅背上放置保护手肘的软垫、拼板等，并固定好，再双手持哑铃，将手肘固定于椅背的适当位置上，双手距离约与肩同宽，身体向后呈坐姿，此时腋下是没有靠在椅背上的（图163）。

图163

图164

若是靠在椅背上，对有些人会造成不易用力的情形，则可成为另一种训练方式，因此，操作的重点在于：双手往前，并将肘固定好，操作时，利用肱肌及肱桡肌出力，将哑铃往上举起（图164），肘与上臂维持不动，于最高点时稍作停留，再缓缓放下。

72

【 手臂肌群训练法 】

图165

≫ 肱桡肌的训练

　　肱桡肌连接我们的前臂与上臂，因此在训练我们二头肌的同时，肱桡肌几乎都会参与训练，因此较少人特别针对肱桡肌进行训练，若是想将训练效果着重于肱桡肌，则可利用哑铃实施。

图166

也可以使用横杠或是屈杠来进行，或是使用宝特瓶代替哑铃。

哑铃反手弯举

　　操作之方法与站姿哑铃手臂弯举差不多，只是因为双手握哑铃的方向，与一般人平常所熟悉的方式相反，故一开始操作会有点别扭。准备动作为：挺胸、腰杆伸直，双脚与肩同宽，膝关节微弯站立，双手掌心向后握住哑铃，自然下垂于身体两侧（图165），操作时双手上臂及肘夹紧，前臂弯曲，将哑铃上举至胸前之高度（图166），稍作停留后，缓缓放下。

《阿凯教练教你做》

正常姿势

图167

》三头肌的训练

其实三头肌分为三个部分：三头肌的长头（是双关节肌）与三头肌的短头（内侧头）、外侧头（这两者是属于单关节肌），这些肌群在我们训练胸部肌群与背部肌群时，常常成为我们肌力训练的参与对象，因此会在胸部及背部训练后，再实施。

图168

利用椅子随时随地都能训练

当我们在外面没有器材时，可以拿来训练自己三头肌的工具，就是椅子。我常在文书工作时间过长时，利用椅子让身体获得舒缓，顺便训练自己，我的操作方式就是：将身体背对椅子，双手放置于背后且固定于稳固的椅子或桌子上，身体呈坐姿悬于半空中（图167），操作时将身体慢慢往下坐，使肘弯曲约90°（图168），稍作停留，再利用三头肌之力量，将身体往上撑起，回到一开始的准备姿势。这是利用自身重量给予三头肌负荷的训练方法，若是双脚伸直则可获得更大的训练效果（图169、图170）。

椅子要够坚固才行喔！

图169

双脚伸直

图170

【手臂肌群训练法】

利用毛巾

利用毛巾训练在前面已有提过，是最简单也是最难的训练方式。

此方法之预备姿势为：两人面对面站立，相距约前臂的长度，双脚微弯或成弓步（身高落差太大时，较高者可利用此方法），两两相对站稳，操作者手心向下握住毛巾，双手距离约一个拳头宽，抗力者手心向上握住毛巾，双手与肩同宽（图171）。操作时操作者双手肘夹紧腋下固定，双手向下用力，利用三头肌的力量将双手伸直，抗力者则一样双手肘夹紧腋下固定，双手向上用力抵抗操作者（图172），用力的程度约是操作者双手能向下将手臂伸直，但却要很用力，当操作者双手快要伸直时（图173），立即慢慢向上恢复为准备动作，此时手肘约与身体呈45°，切记！操作者与抗力者两人之力量都维持一致，抵抗者不可将力量减小，直到两人双手达最高位置后，操作者再次向下用力，将手伸直。重复此动作至操作者无力再向下时，抗力者可以将抵抗之力道稍微减少，使操作者能向下继续操作，但抗力者向上时要再恢复力道，使操作者更用力抵抗，缓缓操作至中间位置，以增进肌肉刺激之效果。此操作方法可以同时锻炼到操作者之三头肌与抗力者之二头肌，操作组数结束后，更可两两交换，进行不同肌群之训练（图173：此时两人之力道，都不可减弱！否则就失去训练的效果）。

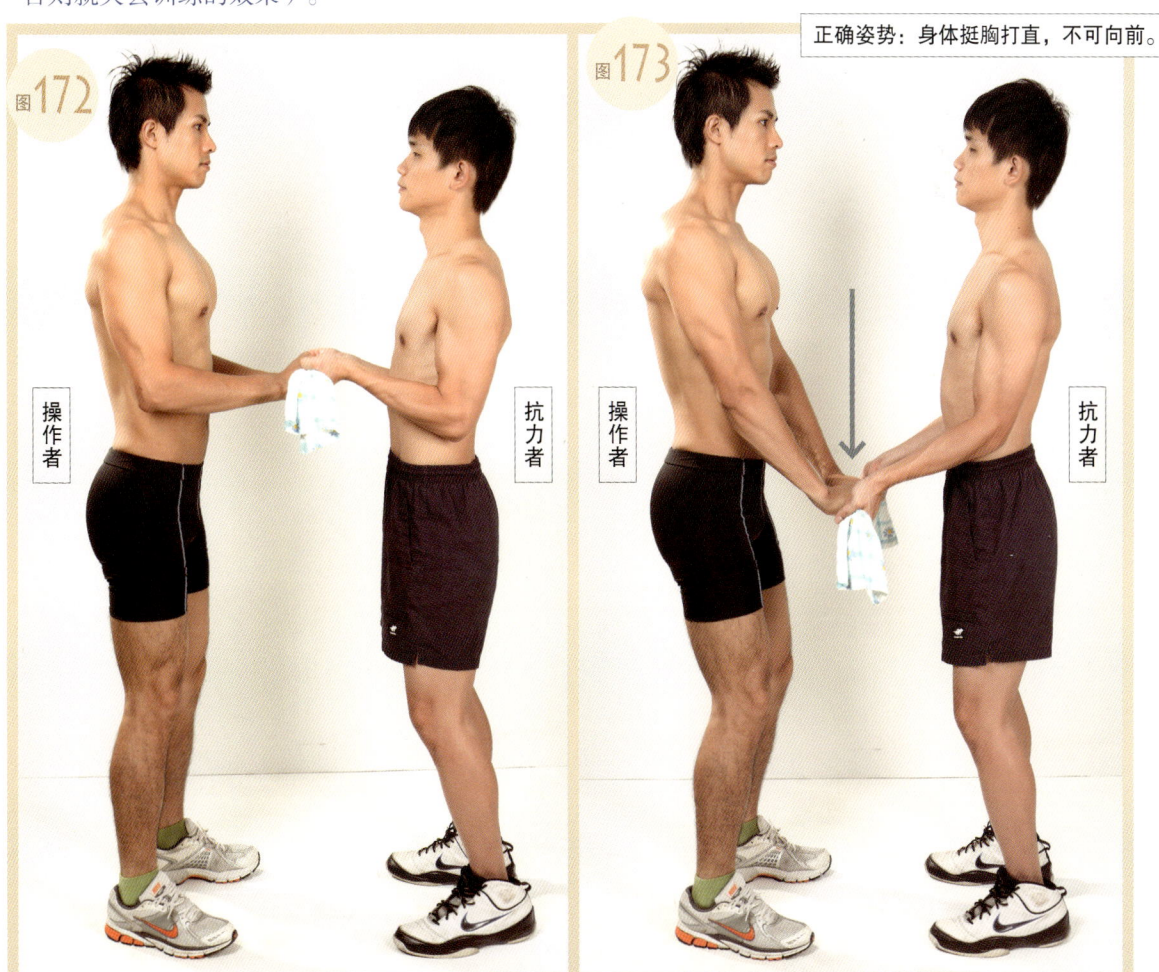

图171　抗力者　操作者

图172　操作者　抗力者

图173　操作者　抗力者

正确姿势：身体挺胸打直，不可向前。

《阿凯教练教你做》

图174

图175

仰卧三头肌推举

操作时之准备动作为：正躺于板凳或是床上，双手肘朝上，上臂与身体垂直，双手同时握住一个哑铃，手肘弯曲，双手与肩同宽，将哑铃之位置放至眉前（图174）。操作时双手同时用力，将哑铃往上推举，直到双手伸直，哑铃位于胸部正上方（图175），稍作停留后，缓缓放下至准备位置。

若是想试试充血型训练，则手肘位置可向头部之方向多一点，让哑铃放下时之位置在头部后方，这样是为了让哑铃上推至手臂伸直后，三头肌依然没有办法休息，继续维持紧绷状态，持续充血刺激肌肉。

向上法式推举

向上法式推举是属于伸展训练的一种，主要是让三头肌中的长头(属于双关节肌)彻底伸展，将训练的负荷集中于主要训练的单一肌群上，提升训练效果。操作时准备姿势为：挺胸、腰杆伸直，双脚与肩同宽，膝关节微弯站立，双手同时握住哑铃，将双手向上，手肘尽量向后延伸，约与身体成一直线，双手同时握住哑铃，手肘弯曲使哑铃位在后脑之位置（图176），操作时利用三头肌长头的力量将哑铃上举，直到手臂伸直（图177、图178）。

图176

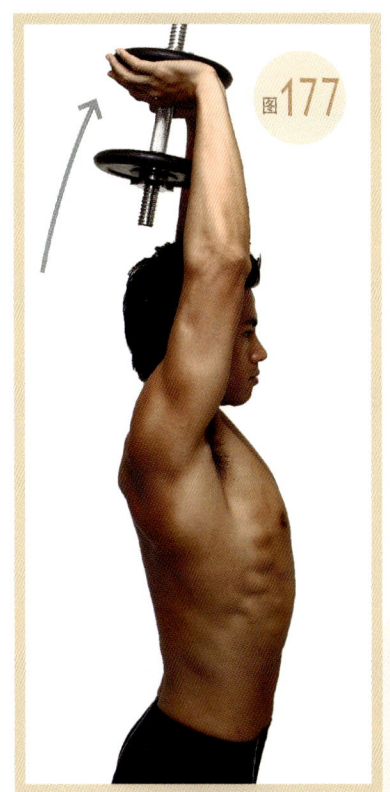

【手臂肌群训练法】

哑铃三头肌向后伸展

哑铃三头肌向后伸展，是利用角度的变换，使三头肌的长头放松，将训练负荷加重于外侧头与短头这两个单关节肌上。操作时准备姿势为：找一椅子或板凳或桌子，将我们的上半身固定支撑，单脚或双脚着地皆可，单手持哑铃，上臂紧贴在身体侧边，手肘弯曲，前臂向下与身体约成90°角（图179）。操作时三头肌用力，将哑铃向后方伸展举起（图180），直至手臂伸直后，稍作停留，再缓缓放下。

《 阿凯教练教你做 》

哑铃三头肌向后伸展的伸展式训练法

若是操作哑铃三头肌向后伸展，没有让你感觉到孤立肌群后的强力刺激感，则可以试试利用板凳或椅子进行固定上臂的操作方式。操作时准备姿势为：将上臂与肩同高，垂直身体固定于板凳或椅子上，单手持哑铃，手肘弯曲成90°，前臂自然下垂（图182）。操作时，三头肌用力，将哑铃上举至手臂打直（图183），三头肌之外侧头与短头应可感受到更强烈之收缩感。

图182

要注意姿势的正确性喔！

图183

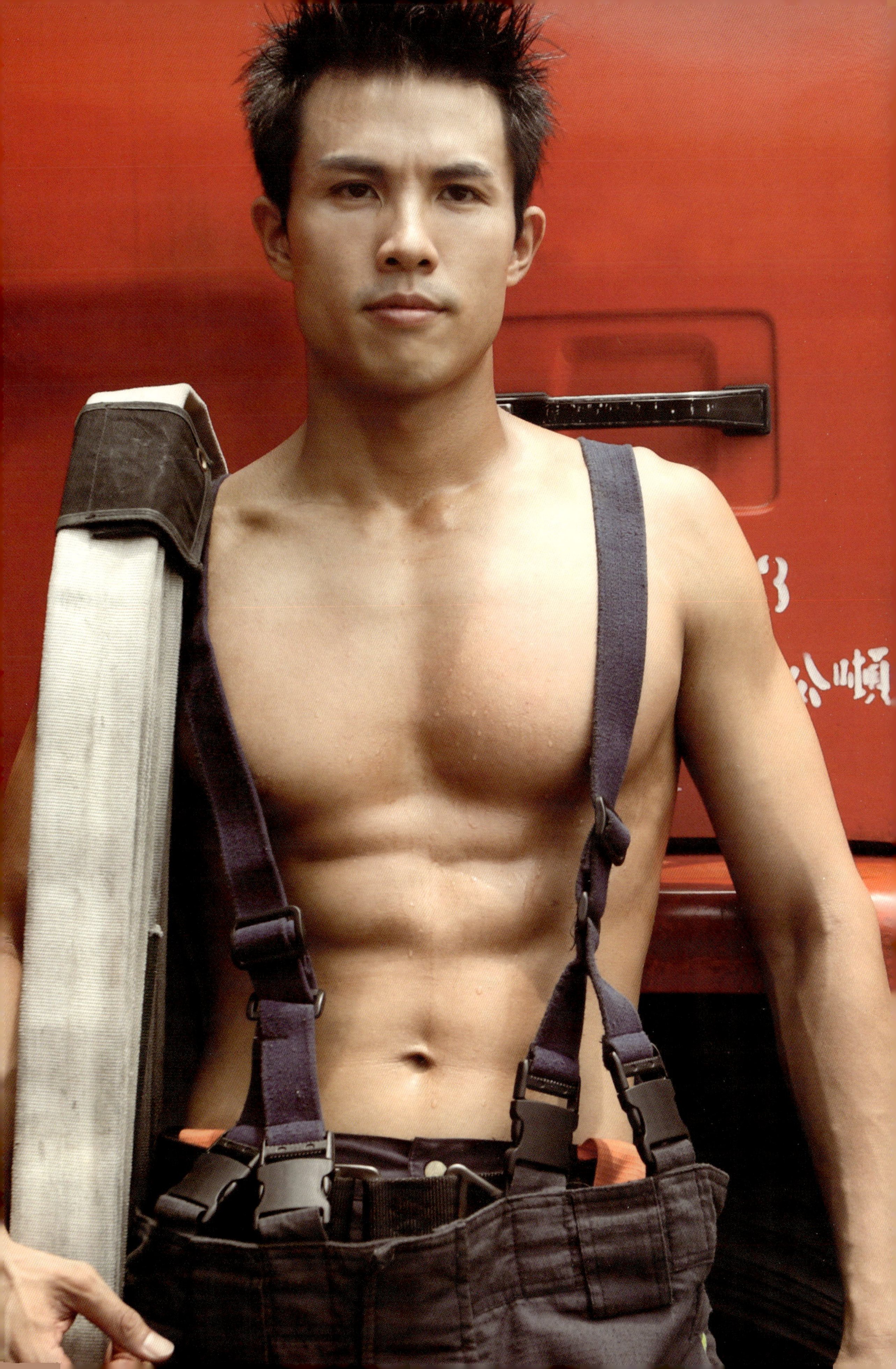

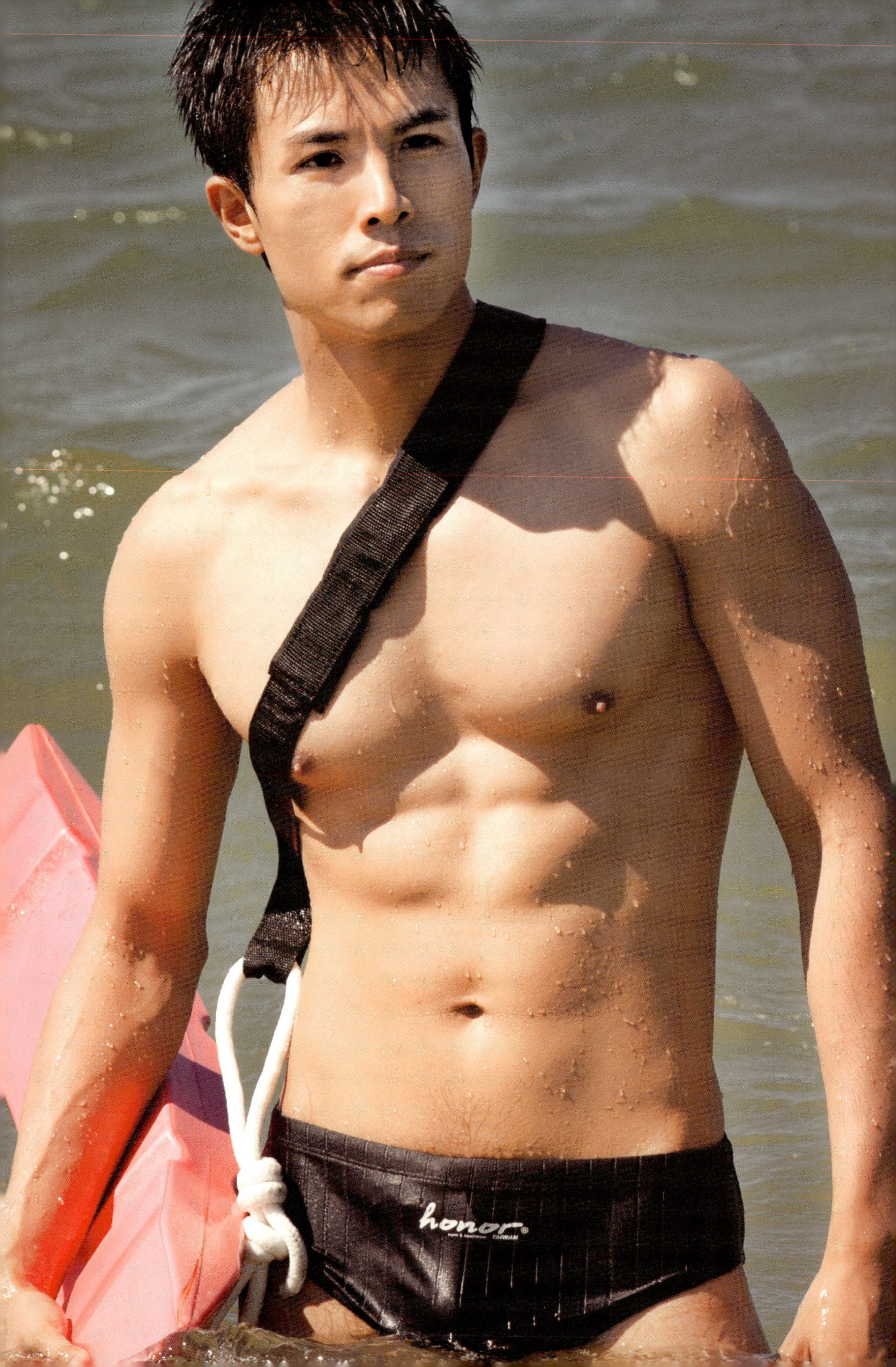
honor

腹部肌群
训练法

王字腹肌是每个男人都渴望拥有的，更是一些女性的择偶条件之一，因为腹肌、翘臀常是男人体力的代表，更是女人幸福的基础，因此男人拥有漂亮的王字腹肌是刻不容缓的。记得我高中时，就想要拥有完美的腹肌，自从听说班上那位拥有完美腹肌的同学，每天都做仰卧起坐，而且最高可以一次做1000下，让我几乎每天都很努力的在做仰卧起坐，但是效果并没有想象中的好，为什么会这样呢？

先前有提到过几点观念，是王字腹肌的锻炼中非常重要的观念，在此再次整理，让读者在训练的时候，拥有更完整且清晰的方向。第一，体脂肪的厚度深深影响着肌肉线条的鲜明度，因此规律的运动可有效地消耗体脂肪。第二，过长时间的有氧运动，容易使肌纤维变细，不易拥有饱满且立体的肌肉，最好使用短时间高强度的运动模式，训练自己的肺活量并燃烧脂肪。第三，训练过程中，燃烧脂肪与重力训练并重，增加体内肌肉的比例，使自己的基础代谢率提高，让瘦身速度加快，并成为不易变胖的体质。第四，在进行训练的同时，利用饮食控制，来增减营养与热量的吸收，并调整自己的饮食习惯，以达到预期的训练成效。第五，训练时的姿势正确及次数适当，比只着重负重或次数来得重要。

仰卧起坐

仰卧起坐是最传统的腹肌训练方式，但是有些朋友总是跟我说：仰卧起坐没有效果，都是酸大腿，腹肌都不会有感觉，其实这是一个值得探讨的问题。第一，操作仰卧起坐时，是否有确实的用力在每个动作？而非盲目地追求次数与速度，使你的操作姿势可以正确地刺激到你的腹肌，而非其他肌群。第二，每次循环中间的休息时间，是否过长？有效地将休息时间控制在30~60秒内，可使你操作仰卧起坐时，有效地对腹肌进行训练。

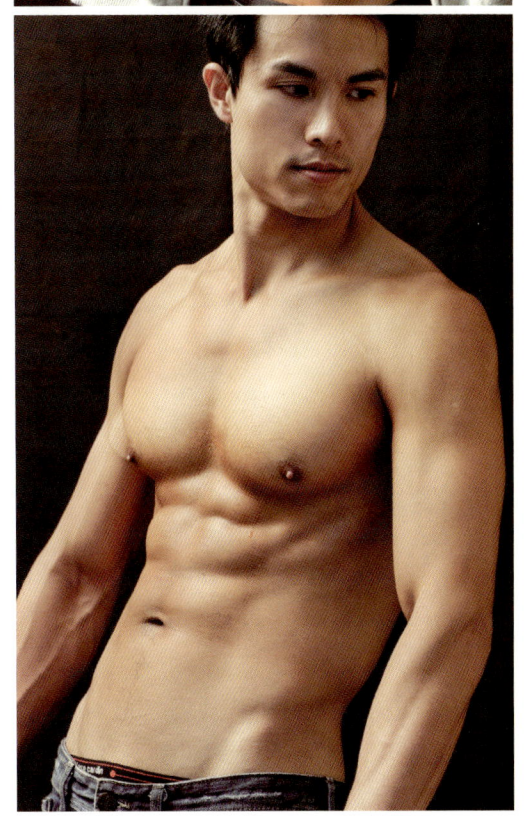

当我们在做仰卧起坐时，使用到的肌群主要有三部分，分别为腹直肌、髂腰肌（髂肌、腰大肌）与股直肌（股四头肌中的一部分），而操作时将会依序使用到这些肌群。

《阿凯教练教你做》

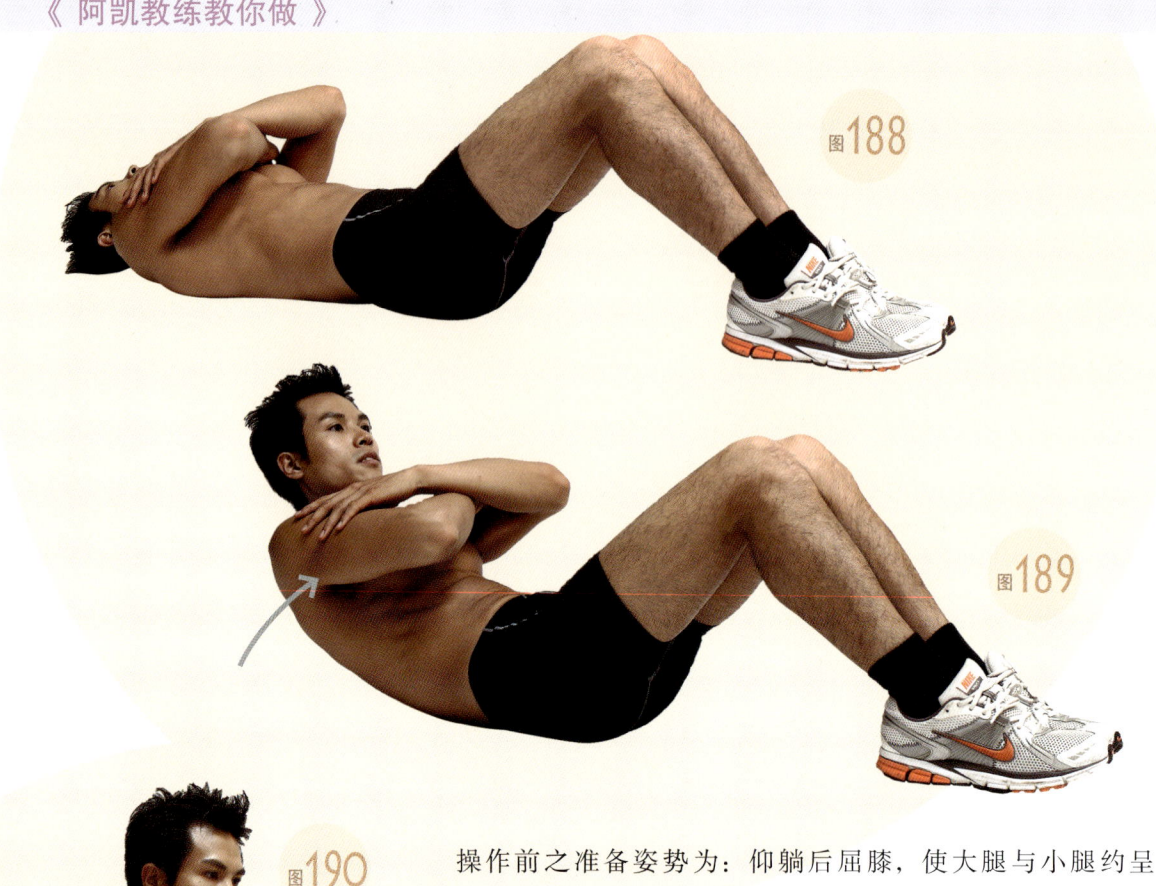

图188

图189

图190

操作前之准备姿势为：仰躺后屈膝，使大腿与小腿约呈90°（在以前，可能有些人会平躺于地面上进行操作，但现在几乎都改成要屈膝操作，因为在进行训练时，若是双脚伸直进行腹部肌群的训练，无论是实施上身抬起或下身抬腿之动作，皆容易将负荷加诸于腰椎上，造成腰椎不适或受伤）。双手轻轻握拳或放松，手肘弯曲，将双手分别放置于两耳朵旁或肩上（图188），操作时先以胃部为中心，腹直肌用力，进行曲腹之动作，随之上身继续往上（图189），此时腹直肌放松，改成髂腰肌与股直肌用力，挺起上半身坐起，直至手肘碰到膝关节（图190），再缓缓放下。重复16~20次为一循环，连续操作5~6循环为佳。

先做曲腹之动作，当操作时只求快和次数多少时，常常会直接利用髂腰肌与股直肌的力量，迅速将上半身坐起，而没有确实地刺激到腹直肌。当你觉得光使用自身重量的仰卧起坐已经习惯，则可以双手持哑铃或其他器材等（图191），置于胸前，以增加负荷。

图191

【腹部肌群训练法】

王字腹肌的形成，除了要有漂亮的腹直肌线条，还要有腹外斜肌与腹内斜肌作为陪衬，因此除了基础的仰卧起坐外，我们可以再加上转体的动作。操作时之准备姿势与仰卧起坐相同，唯独操作时，在将身体向上挺起的同时（图192），身体同时做旋转之动作，一次向右（图193），回到准备位置后，改成向左（图194），左右各来回一次，才算一个动作的完成，操作 8~10 次为一个循环。

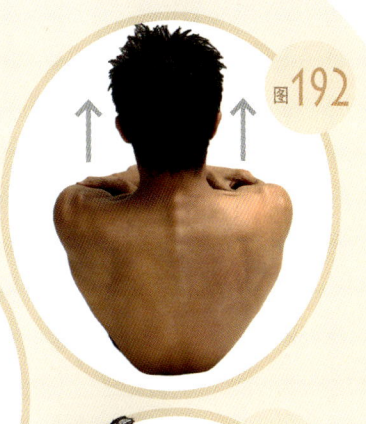

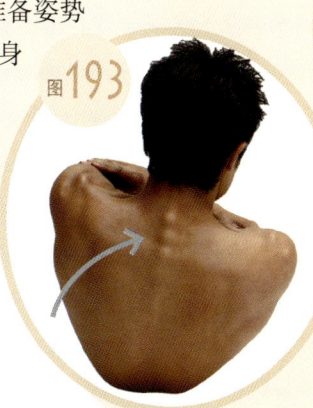

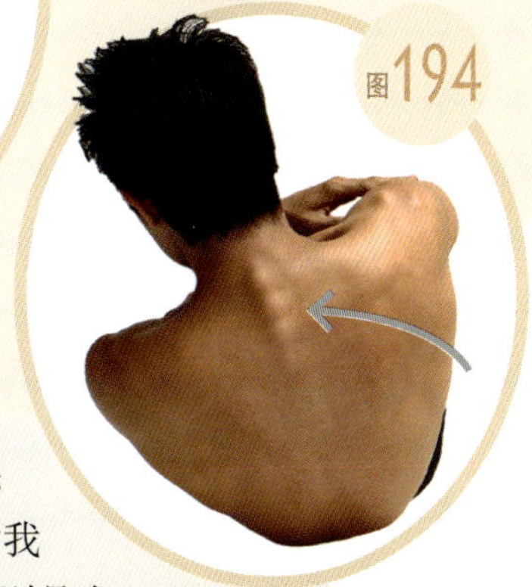

只做一半的半仰卧起坐

由于操作完整的仰卧起坐，常因为动作不确实，而造成训练效果大打折扣，因此我们也可以只做一半的仰卧起坐，专门针对我们的腹直肌进行训练。操作前的准备动作同仰卧起坐，仅有的差别是在操作时，将动作专注在曲腹，当上半身完成曲腹之动作后，稍作停留，再缓缓放下，没有将上半身整个坐起。（图195、图196）

由于此操作方式是由单一肌群来执行，因此可以使用充血式的训练，操作时腹直肌持续用力，背部在放下时不可接触地面，慢慢往上，再缓缓放下，此时将会感到很明显的肌肉收缩与刺痛感。当你想增加负荷时，可用双手持哑铃等，增加负荷后，再进行训练。

若是想同时训练腹内斜肌与腹外斜肌，则可再加上转体之动作，操作方式同转体仰卧起坐，只是差异在没有将上半身坐起。

《阿凯教练教你做》

大腿上举

大腿上举之动作，主要是训练我们的腹直肌。操作前之准备姿势为：坐在平坦之地面，身体稍微向后仰，双手撑地置于身体两侧后方，双脚伸直，脚尖朝上（图197）。操作时腹部用力，双脚并拢伸直向上抬起，至最高点时稍作停留（图198），再缓缓放下。操作时若背部打平，会加重腰部的负担，因此不建议将背部打平操作。（图199）

图197

图198

✗ 错误姿势

图199

图200

大腿上举之动作不一定要在床上或地上，上班时椅子坐久了想活动筋骨时，也可以利用椅子来进行训练。操作前之准备姿势为：将臀部移至椅子前方，只坐1/3板凳，背部靠在椅背上，双手扶住椅子两侧作为固定，双脚并拢伸直向前抻，操作时将双腿屈膝上举，膝关节尽量往胸口靠近，小腿平行地面（图200），到达定点后稍作停留，再缓缓放下，双脚伸直。

84

【腹部肌群训练法】

图201

图202

图203

图204

上身体侧弯

　　这个姿势对于很多人来说并不陌生，这就是我们从小到大运动前暖身的伸展操内容之一，主要是训练我们的腹外斜肌与腹内斜肌，增进腰部侧边的活动量。操作前之准备姿势为：双脚与肩同宽呈站姿（图201），一手叉腰，另一只手上举（图202），操作时将上身以腰部为中心点，上举那只手往叉腰那只手的方向做伸展的动作（图203），稍作停留后，左右手交替进行训练（图204）。

85

《 阿凯教练教你做 》

上身体侧弯也可以手持哑铃以增加负荷，操作前之准备姿势为：双脚与肩同宽呈站姿，原本叉腰之手持哑铃，另一只手放在头上（图205），操作时身体由哑铃之重量往持哑铃之手的方向弯曲，稍作停留后，利用腰侧的力量将上身往另一边拉回侧身（图206），再回到原本之站姿。操作时要注意，只有骨盆以上做左右侧转之动作，下半身是固定不动的，且要抬头挺胸，面向前方，不然腰侧的受力将会转移到背部或是前方肌群，操作16次后，换手进行操作训练。

若操作侧弯时，你的骨盆是左右摇摆，而非呈平行不动，则你所做的姿势，是属于股关节的体侧弯，使用到的肌群会因为你的重心脚而有所差异，当你将重心放在持有哑铃的同侧脚时，你所使用到的是你的大腿内转肌。若是你将操作的重心放在持有哑铃的对侧脚时，你所使用到的将会是你的臀中肌与臀大肌上部等肌群。

图205

图206

体侧弯侧抬腿

此主要是训练我们的腹外斜肌与腹内斜肌，增进腰部侧边的活动量。操作前之准备姿势为：找一椅子或桌子等作为支撑，单脚撑地，撑地的同侧手扶在椅子上，稳定身体，上身往椅子方向侧身，离地那只腿伸直，与身体呈一直线，同侧手扶在腰上（图207），感受腹外斜肌等肌群的运动，操作时用侧腹之力量，将腿向上抬起，稍作停留后，再缓缓放下（图208），重复操作16~20次，再进行换边。

图207

【腹部肌群训练法】

俯卧撑地

此操作方式训练的是我们的中央肌群，也就是我们的腹肌跟背肌同时都需用力。操作前之准备姿势为：俯卧于地上，双脚并拢，脚尖撑地（图209）。开始操作时，手臂用力将身体撑起，上臂与地面垂直，利用手肘与前臂撑地，身体用力，挺腰全身伸直，停留30～60秒后（因各人身体状况调整时间），休息30～60秒，操作3～6次。（图210、图211为错误姿势）

图208

图209

图210

✗ 错误姿势　　容易腰部不适

图211

肌群训练不平均

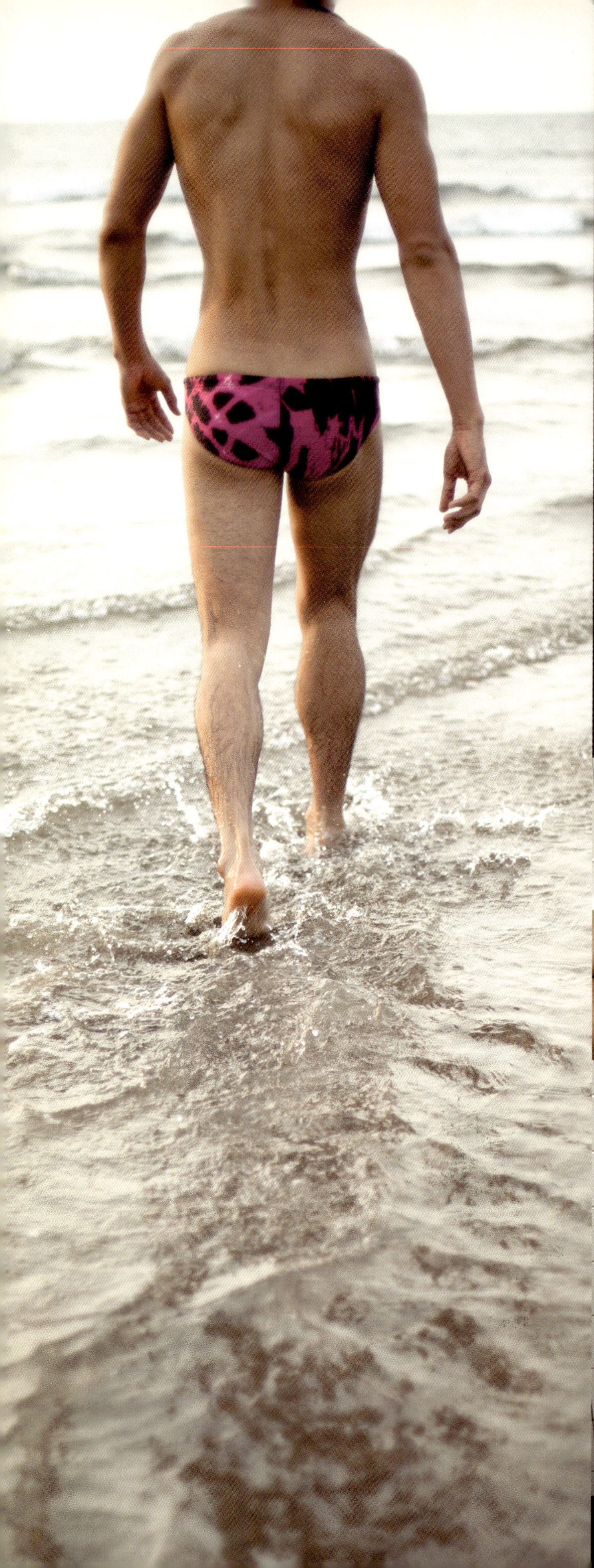
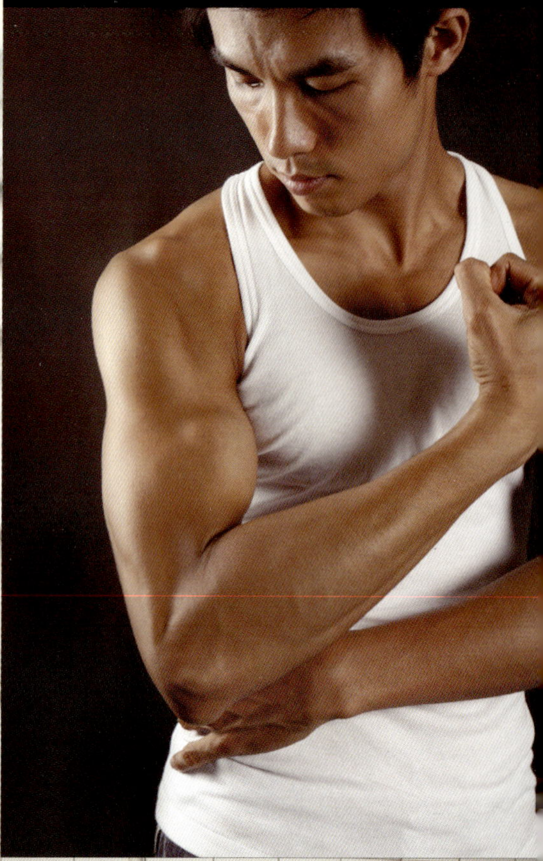
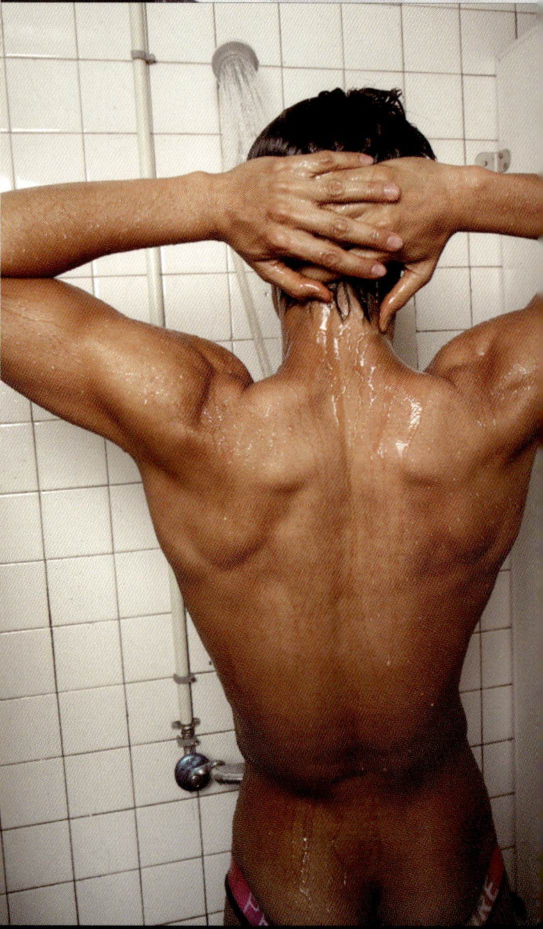

89

《 阿凯教练教你做 》

性感翘臀与
腿部肌群训练法

  有句俗语说："屁股连大腿"这句话常常被用来形容臀部没有线条，而且现代人常需久坐计算机桌前的生活型态，很容易造成下半身的循环不良，使臀部变得又大又松垮，下肢也容易水肿，这是男女都容易有的情形。通常我们臀部的循环比较差，想要摆脱下半身肥胖的情形，需要比瘦啤酒肚多点耐心，并且得多下点功夫。

  腿部肌群的训练，与我们的臀部是息息相关的，想要有翘臀，腿部的训练绝对不可少，翘臀无论对男性或女性都是性感的代表。其实训练双脚是我们每天都可以做的事，只要多走路就可以增加双脚的运动量了，但因为交通工具的便捷，使我们日常生活中使用到双脚的机会减少了。记得我从前读小学的时候是走路上学，后来到了高年级，就骑脚踏车上学，上了初中、高中之后改搭校车，上台北读书与工作后，变成坐捷运、骑机车及开车……，日常生活中走路的距离，随着我们年纪的增长，被我们尽可能地缩短了，要上楼就搭电梯，除非发生火灾，否则我们几乎不会用走楼梯的方式上楼。

  但很庆幸的，随着人们生活水平、知识文化的提升，有不少人已经在提倡健康与环保，开始多走路、走楼梯与骑脚踏车，并减少汽机车之使用，这样不但可以使环境更好，更能让我们多使用一点我们的双脚。例如：坐公交车提早一站下车，走路上班，或是不开车、不骑机车，改骑脚踏车上班，多踩一圈，游泳圈就少一圈。做家事的时候也可以训练自己的下半身，还可以帮亲爱的家人分担工作，例如：洗碗就是一个可以训练下半身的好机会，在洗碗时，让双脚呈站马步的姿势站立，腰杆伸直，这样不但可以训练自己的股四头肌，也可以免去弯腰驼背洗碗造成的腰酸背痛，真是一举数得！

HEALTHY EXERCISE 【性感翘臀与腿部训练】

向后抬腿

向后抬腿的动作主要是用来增加臀部与大腿的伸展与活动量，可以提升臀部的循环，促进脂肪的游离，使我们臀部变得紧实有弹性，让我们的翘臀摆脱脂肪层，展现立体层次，可有效训练臀大肌、股二头肌，是个轻松有效的训练方式。

操作前之准备姿势为：找张椅子或是墙面作为支撑点，身体微向前倾，开始操作时，一手扶住椅子，另一侧的脚先向上弯曲抬起，使膝关节抬至最高点（图218），让臀部确实伸展后，向后将腿伸直抬起至最高点（图219），让自己明显感受腰部、臀部的二头肌收缩，然后回复上一个动作往前抬腿。如此一个来回算一次，连续30次之后，将身体换边，扶墙换脚操作，双脚各操作一回，为一循环，最少操作4循环，连续操作之次数可因个人能力做增减。

图218

图219

《阿凯教练教你做》

图220

图221

图222

单脚屈膝

　　单脚屈膝主要是可训练股四头肌、股二头肌及臀部。操作前之准备姿势为：单脚站立于椅子、桌子或墙面旁，单手扶在椅子上（图220）。开始操作时，膝关节弯曲，臀部向后坐下，至适当位置后（图221），用力站起恢复原姿势，操作时膝关节不要超过脚尖，才不会造成膝关节之负担，连续操作20次后，换手扶椅子，换脚操作，如此左右各20次为一个循环，至少要操作4循环以上为佳，连续操作之次数可因个人能力调整。

图223

跨步蹲举

　　跨步蹲举的动作主要是可以训练到腰大肌、髂肌、臀大肌、股四头肌及股二头肌等腰、臀及大腿之各肌群。操作前之准备姿势为：抬头挺胸、腰杆伸直，两脚伸直张开约与肩同宽（图222）。开始操作时，单脚往前跨步下蹲（图223），再回复站姿，左右各20次为一循环，至少操作4循环以上。跨步距离为：可使前腿膝关节下蹲时，不超过脚尖为准。

【性感翘臀与腿部训练】

再来个哑铃或杠铃吧！

若是想增加负荷，可以双手持哑铃自然下垂于身体两侧操作（图224），或是将哑铃上举至肩部上方（图225）。或是使用杠铃，将杠铃扛在肩上操作。

图224

图225

》小腿的部分

小腿肌肉主要的作用是让脚踝伸直，在我们日常生活中的使用是极为频繁的，从站着不动、走路、跑步及跳跃等，都有使用到小腿的肌群，因此最简单的训练方式就是跑步，特别是冲刺性的短跑效果最好。而小腿的肌群主要分为两个：一是影响爆发力与跳跃的腓肠肌，一是拥有持久力的比目鱼肌，特别针对小腿进行训练的方式为：

负重提踵

负重提踵可同时训练到腓肠肌与比目鱼肌，操作前之准备姿势为：抬头挺胸、腰杆伸直，两脚伸直张开约与肩同宽，前脚掌踩在杠铃片上（图226），也可双手持哑铃或将杠铃置于肩上，以双手固定。开始操作时，双膝伸直，利用小腿的

图226　图227　图228

力量快速垫起脚尖至最高点（图227、图228），站立约一秒后，缓缓下降至脚跟着地（图229）。

图229

图230　图231

若是使用坐姿，将负重加于膝上，可使腓肠肌放松，针对比目鱼肌进行训练（图230、图231）。或是至健身房利用固定的机器进行训练。

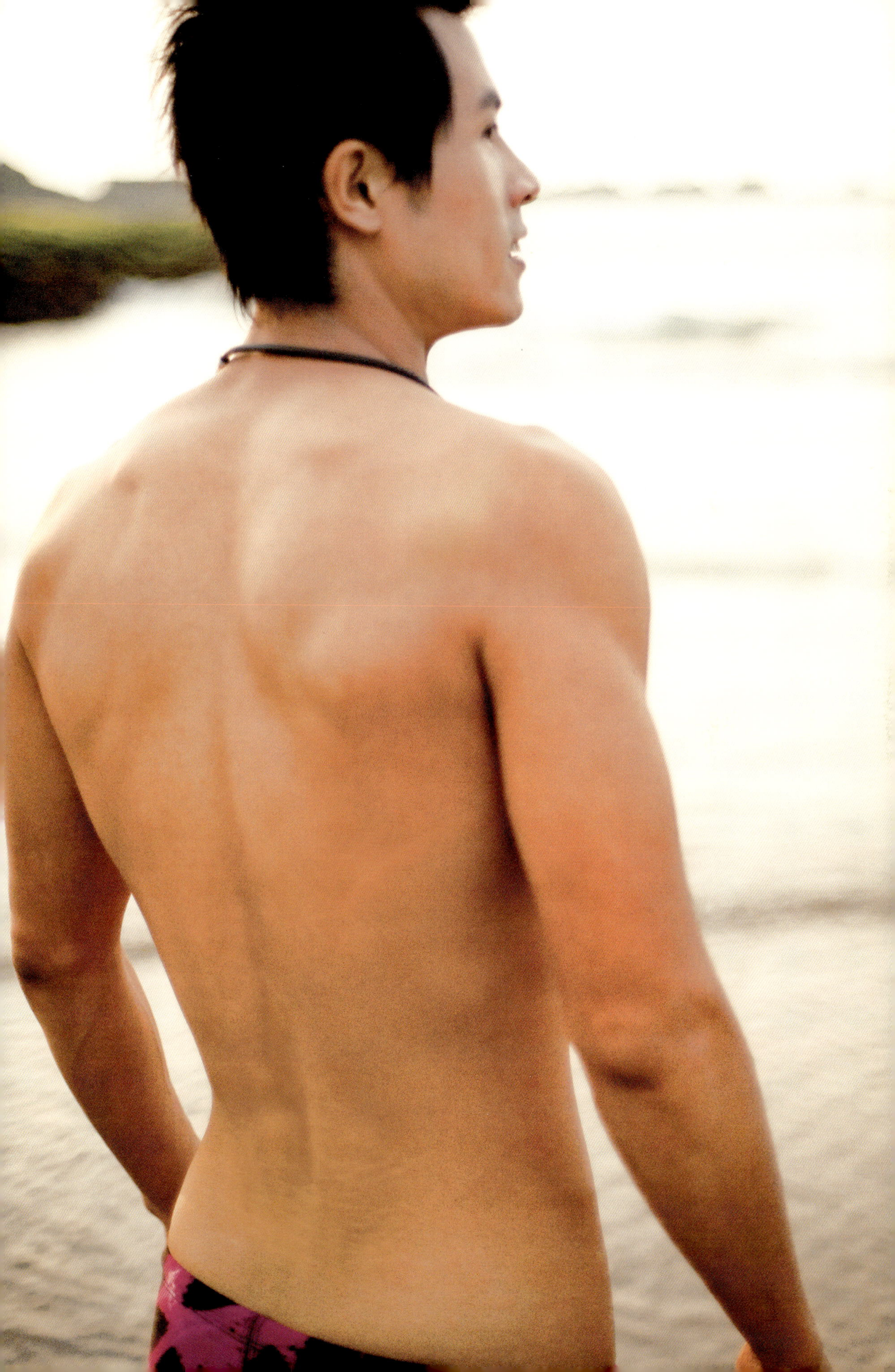

《阿凯教练教你做》 HEALTH EXERCISE

手臂及肩部伸展

缓和运动

通常我会选择在重量训练后，用跑步的方式让自己持续消耗热量，并且增加全身的血液循环，使身体慢慢恢复正常的机能，这样能有效地减低运动后的不适，还可以加快消除肌肉酸痛，是非常简单的缓和运动。我会依想要消耗的热量来设定时间，基本上至少要20分钟，若原本就是瘦子，体脂量原本就不多，想增加肌肉量者，可以减少至10分钟左右即可，当跑步完，心跳恢复正常，身体还是热的，就可以继续进行伸展运动，提高身体的柔软度，能增加身体的韧性，减低平常运动时受伤的几率，当然若时间真的不够，也可以直接进行伸展运动。

图232

图233

阔胸伸展

伸展运动的操作方式，就是针对我们身体的各部位肌群，分别进行加压，使之能达到最大之伸展角度，通常使用静态之方式进行，一个部位维持30秒左右。不建议使用动态的方式，因为用力过度容易造成受伤，伸展之部位分别从肩、臂、胸、背、腰、髋及腿，以下有几种建议方式，读者可以参考看看：

图234

图235

《 阿凯教练教你做 》

腹部伸展　图236

图237　腰胸伸展

图238

图239

98

【缓和运动】

股二头肌、臀部及腰部伸展

图240

图241

图242

图243

图244

图245

图246

《阿凯教练教你做》

腿部、臀部伸展

对侧手用力压脚，伸展大腿外侧。

图247

做缓和运动时，如果能搭配放松的音乐，会更有 FU 喔！最后祝福每位读者，都能拥有自己希望获得的一切（包括身材、健康、丰富喜悦的人生……），并将这份知识、喜悦传递出去，让身边每个人都有美好的人生！

脚踝向下压，伸展大腿外侧。

图248

手将膝盖往自己方向拉，伸展臀大肌。

图249

图250

股四头肌伸展

图251

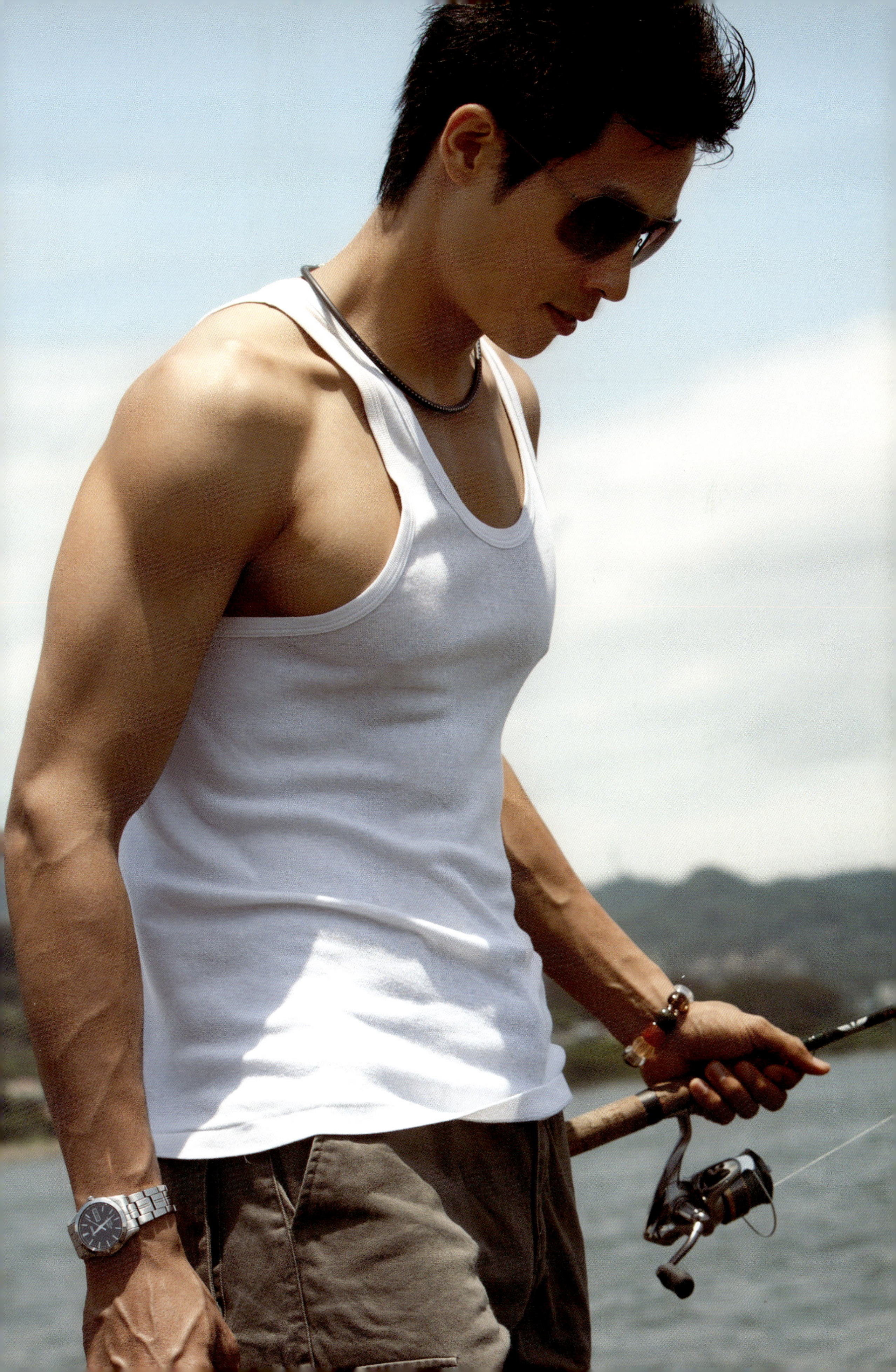

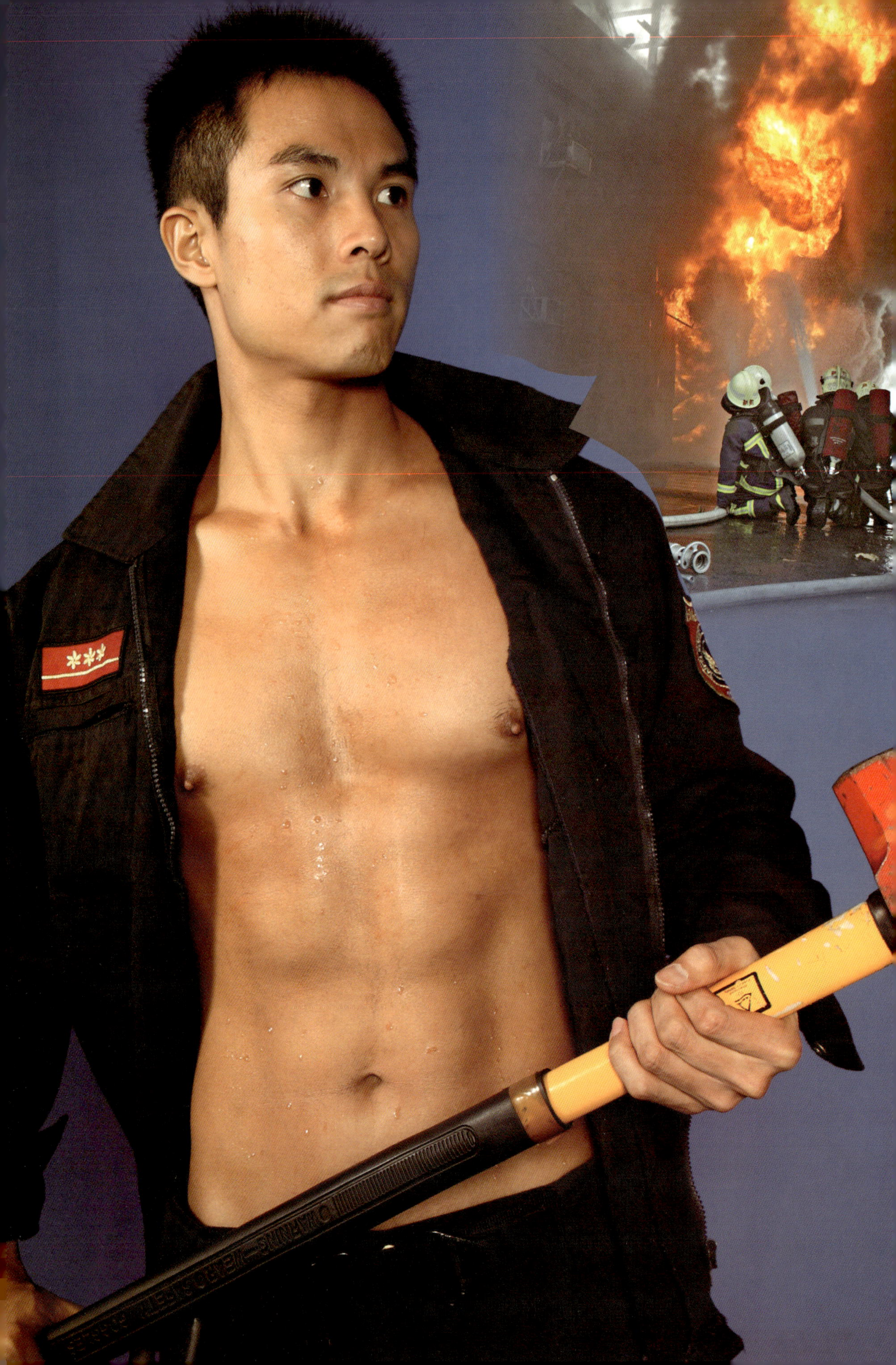

HEALTHY EXERCISE

你所不知的消防工作

一般消防勤业务列举如下：

1. 高效率劳工： 目前台湾的消防人员上班方式是以勤二休一为主，有些地区采勤一休一（勤二休一是指今天早上 8 点上班，一直待在消防队上班 48 小时后，才可以回家离开消防队；下班 24 小时后，隔天早上 8 点再来上班）。也就是说，平均一天上班时数在 12～16 小时，勤务量较大之单位甚至更久，比一般朝九晚五的上班族来说，消防员要花更多的时间在单位待命。

2. 抢救动物或捕捉昆虫： 不管是可爱动物还是珍禽猛兽、火蚁毒蜂，不管是什么情况或地点，只要有民众打 119 报案，我们就需要冒着一定的危险去救援或捕抓。

▲ 但是，到底是救人重要还是救动物重要？其实每当一个消防单位出勤两个人甚至更多人去救动物时，若灾害在这期间同时发生，抢救的人力就会减少，甚至影响原本去救灾的时效，相对的在人命抢救上就更为艰难，也有可能因此造成另一个悲剧，请大家在拿起电话时多思考，该打的就要赶快拨，不该打的请不要随意拨号（例如：猫在树上不肯下来、狗在河里溺水或也许他只是想玩水、乌龟在沙洲上翻不了身、蝉飞进家里一直叫很吵……，这些都是比较不重要的事件，别再浪费社会资源了）。

3. 紧急救护： 随时备战，面对多采多姿的人生百态，只要有人报案，无论是打针、接生、车祸、打架、闹自杀、酒醉闹事等，都要前往处理。

▲ 其实"紧急救护"应该是留给真正需要的人，非"紧急"不应该叫救护车，以确保救护质量，国外 911 的高质量紧急救护，除了是专责救护无杂务外，都是使用者付费，不但出勤单位没有器材与经费问题，更使得滥用之情形锐减，希望大家爱惜"免费"服务之权益，不要糟蹋了政府这番美意。

4. 救火： 24 小时待命，因应各种火警需求如：大楼、工厂、化工厂、坟墓、垃圾、野草、住家、船艇等任何有火灾嫌疑或火灾的地方，报案电话一接，马上出动灭火。

5. 救灾救助： 风灾、水灾、泥石流、震灾等各种灾害的人命救助，或是到工地、下水道、局限空间、车祸受困等进行救援，或是有化学物质泄漏（如硫酸、油罐车等）的处理，每种都有着一定的危险性。

6. 救溺： 遇到有人跳河、跳海、落海，就必须出动船艇去救援，甚至是船艇无法下，或还来不及下艇，看到人就先自己跳下去救援。

7. 打捞： 若是有人掉进溪流、水库、海中，而未寻获，甚至需要消防员背负重装潜水下去进行打捞。其实潜水救援的环境往往是恶劣的，例如视线不佳、风浪大，或是在礁岩区、溪流中的漩涡、水库的拦砂坝，这些都会危及救援人员的生命安全。

8. 防火防灾倡导： 每个月都需要到辖区里的机关团体、学校、小区等地，办理防火防灾倡导活动，并制作倡导影片等，且将成果上传系统，于每年进行评核作业。

9. 救护倡导： 我们会到学校、机关团体、老人照护中心、旅馆等教导民众正确的 CPR 心肺复苏术，甚至发给证照，或是哈姆立克、中风、低血糖、高血压、毒蛇咬伤、蜜蜂螫伤等各种急救相关常识，或是在防火倡导时一并纳入教学项目之中，想了解的民众也可至消防队询问。

10. 防溺倡导： 至海边发送救生衣给垂钓之民众，倡导从事钓鱼活动应穿着救生衣的观念、到危险溪流站哨宣导，减少民众误入危险区域戏水而造成生命财产损失等。

11. 一氧化碳广播倡导： 于晚间开协勤车至街头巷尾进行一氧化碳中毒的宣传广播，提醒民众煤气热水器使用注意事项，避免造成 CO 中毒。

103

《附录》

12. 各式检举案件转介处理： 烤香肠、烧金纸、楼梯间杂物、搬煤气太吵、放鞭炮太危险等各式检举案件处理，拍照转送相关单位，协调住户、煤气站等。

13. 燃气承装业（煤气站、灌装厂）查察： 取缔逾期煤气钢瓶，或是违规存放煤气钢瓶等。

14. 取缔爆竹烟火： 至街头巷尾、夜市、郊外等地，取缔违规贩卖、储存、燃放之爆竹烟火。

15. 消防查察： 至辖内各场所进行查察，新增列管等，确保各场所、小区、工厂、学校、卖场、仓储、宿舍等等的消防安全，检查是否有储存危险物质等场所，并劝导改善、开单通知等。

16. 水源查察： 至辖内查看地上式及地下式消防栓，确认是否堪用，出水是否正常，于救灾时是否可以正常使用。若有异状则需向自来水公司呈报，请他们来维修。

17. 各式车辆司机： 我们需驾驶各种特种车辆，从救护车、协勤车等小型车辆，至水箱车、水库车、云梯车等大型车辆，需要考取各式驾照，应付不同的需求，更需冒着生命危险，及车祸可能产生的金钱赔偿问题，于马路虎口中抢救生命，在大街小巷中抢救财物。

18. 登山救难： 有人登山迷失了，我们也需去进行救援，搜索范围除了路面，还包括山谷、溪流之中，是极为有难度的救援。

19. 车辆保养： 每一季都要进行车辆装备检查，需要为消防车、救护车及各种装备器材进行清洁、保养、打蜡等工作。

20. 清洁工： 若是在半夜有机油、泥浆、厨余等物质在马路中央，或是遇清洁队放假时，为避免机车骑士滑倒，也要机动性地去清洗。或遇路边树倒塌、水灾造成街道淤泥，消防队也都是24小时排班进行清洁工作。

21. 全天24小时备战之军队： 寝室随时都有人走动，因为24小时都有人值班、救护，导致睡眠质量不佳。

22. 计算机文书＋美工： 因应各种业务都需要评核，除了执勤时的专业，返队后更需填写相关文件、数据并上传电子系统，以建立档案因应评核等等；还需布置消防队环境，创新作为，建立良好消防形象。

23. 自行体能训练： 由于上班时间不得任意外出，除了勤务、业务及吃饭、睡觉外，也没有太多时间进行体能训练，但消防勤务是极需体力的工作，例如搬运病患、着消防衣、帽、鞋、背负空气呼吸器救灾或执行救助勤务，一个不小心就有可能受伤，所以需要自行利用时间训练自己，加强体能，减少职业伤害。

24. 谈判专家： 若是遇到精神病患、酒醉路倒、要自杀者，我们还需与之沟通，导正观念，甚至是对于不明救护车使用原则，滥用资源者，也须与之沟通，降低医疗资源浪费之情形。

25. 选举勤务： 于选举期间至各竞选场所巡逻、签到、防制纵火等等，并且绘制选举总部之甲乙种图，以提升火灾预防与火灾抢救之效率。

26. 防制纵火： 于夜间编排勤务至辖内大街小巷进行巡逻，吓阻纵火，提升初期火灾之发生率，并且顺便让新进同仁熟悉辖区，顺便驾驶训练。

27. 居家访视： 请辖区警察及邻里长陪同，至辖内各住家访视倡导消防常识，发送倡导单，并拍照回传系统。

28. 工厂访视： 至辖内工厂、仓库、小型加工厂等地方，张贴倡导诊断海报，并倡导各种消防常识，并拍照回传系统，确定工作在确实地执行。

29. 燃气热水器补助： 协助热水器装置错误，或有CO中毒之虞的住户，进行热水器正确装设，并且协助申请补助金。

30. 各式竞赛（龙舟赛、登高赛、游泳、救生比赛）： 参与各式竞赛，并且以业余能力，挑战专业团队，为消防局争光。

还有更多项目不及列举，但是目前消防人员配置并未充足，所以读者自行提升相关常识与知识，才是真正保护自己之方法，若是不了解相关常识皆可向消防机关咨询。

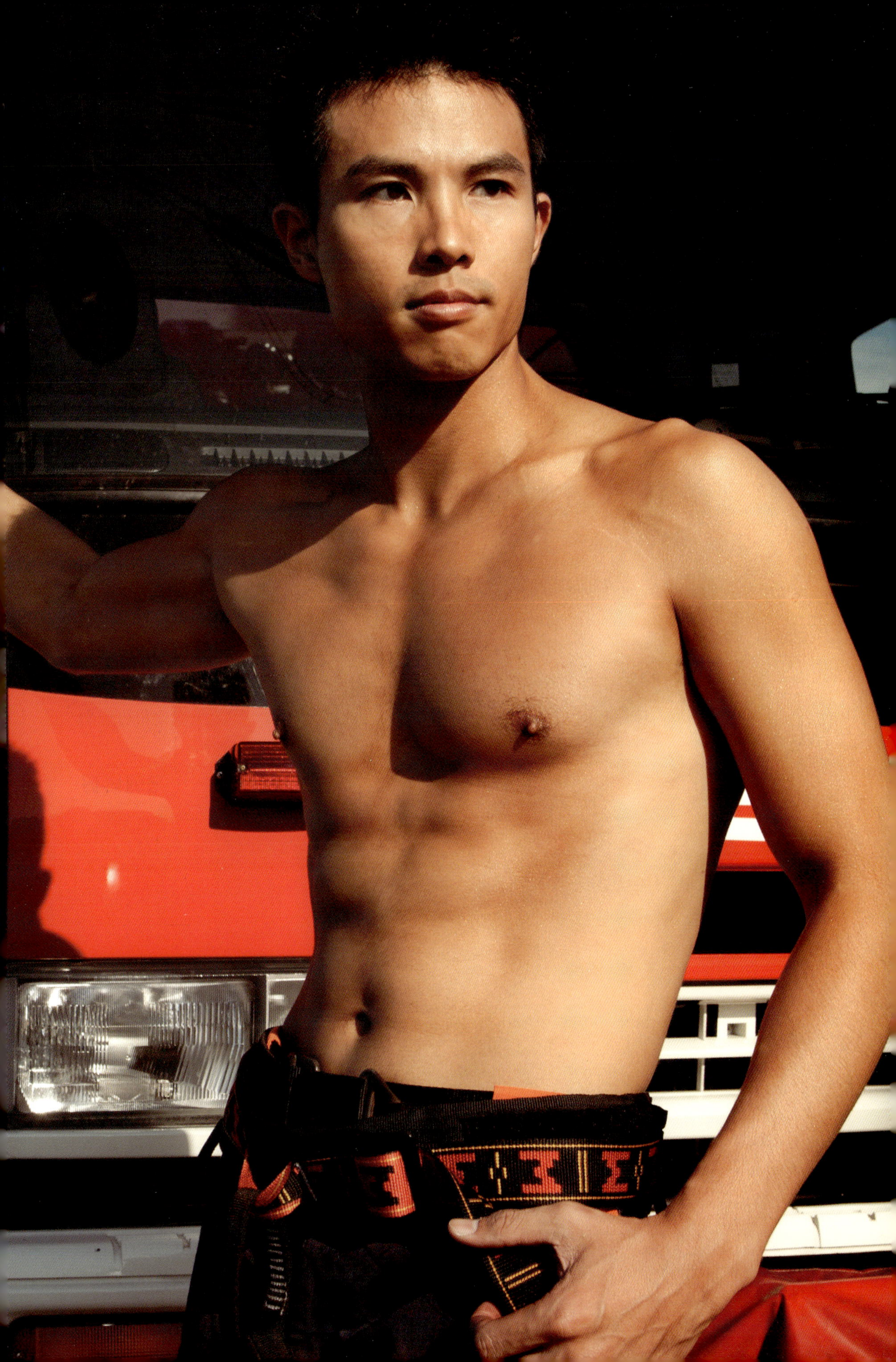

《附录》

简易急救安全照护 ~掌握救人的黄金时间

◆民众版CPR心肺复苏术

系指人工呼吸与心外按摩结合之徒手救命术

　　心脏停止之病人若能及早实施CPR，对其存活率有极大的影响。因心跳停止超过4分钟后，脑细胞便开始慢慢死亡；若未及时实施CPR，则10分钟后脑死完成，即使救活也将成为植物人。

心肺复苏术步骤重点口诀：叫→叫→C→A→B

　第一个"叫"：看见患者躺在地上，用双手同时拍打两侧的肩膀，呼叫："先生先生你怎么了或小姐小姐你怎么了"，确认他（她）是否为疑似心肺功能停止者，若无反应则进入下一步骤。

　第二个"叫"：指定一人以上帮你打120叫救护车，否则围观群众常觉得会有人已经打120了，最后反而都没有人打，造成延误就医。（图253、图254）

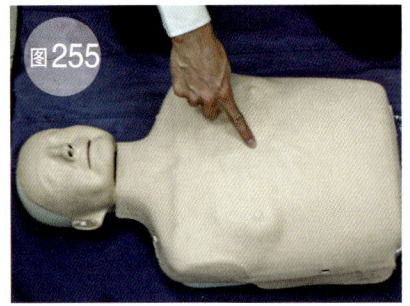

图253

图254

图255

　第三个"C"：实施CPR，快速目视患者，感觉没有呼吸，立即开始进行胸外按摩。按压位置为两乳头联机与胸骨柄之交叉点，按压的速率至少每分钟100次以上（见图255~图257），实施重点是：

● 快快压　　● 用力压　　● 胸回弹　　● 莫中断

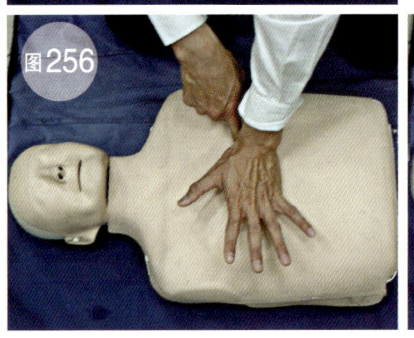

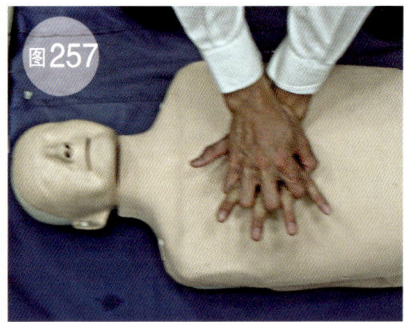

图256

图257

★ 胸外按摩与人工呼吸搭配次数比率为30：2，持续按压直到救护人员到达接手，或与另一名会操作CPR之人员换手。

HEALTHY EXERCISE 【简易急救安全照护】

第四个"A"：呼吸道是否畅通，可使用"压额抬下巴法"畅通患者呼吸道，给气前检查口中是否有异物造成呼吸道阻塞之可能。（图258）

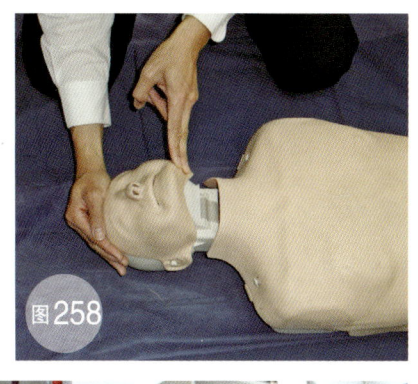

第五个"B"：给患者空气，操作人工呼吸。为确保气确实吹进患者肺部，使用"压额抬下巴法"畅通患者呼吸道（接近患者头部之手掌按压其额头，另一手扶着患者下颌骨，抬起患者下巴，使气管成一直线，避免舌头往下掉堵住气管），同时压额头之手要空出食指与大拇指，捏住患者鼻孔（图259），吹气时可用眼睛余光观察患者胸部是否有起伏（图260），方知人工呼吸是否有效果。

若不方便直接口对口，可隔着手帕、衣服或布料，以避免直接接触患者，再进行吹气，或是只进行胸外按摩，不操作人工呼吸亦可（叫叫→C→C→C）。

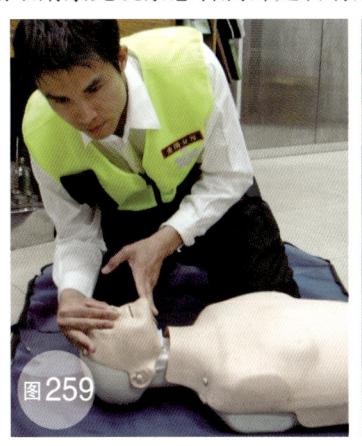

图258

图259

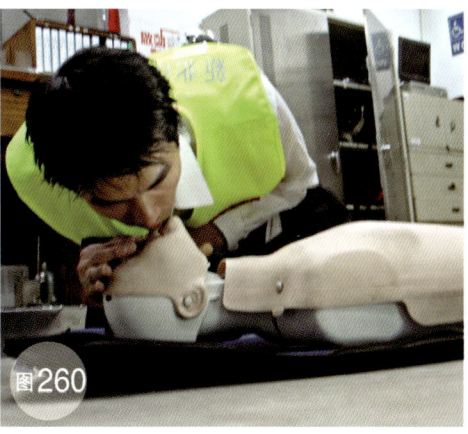

图260

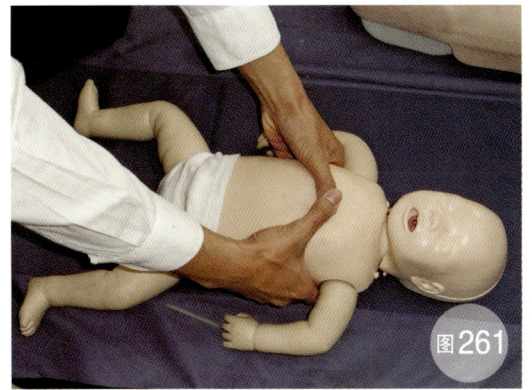

另外

新生儿之按压比率为3:1，且按压之方式改为：将新生儿放置于坚固面上，双手掌环抱胸部，大拇指交迭一起按压两乳头联机与胸骨柄之交叉点（图261），或是于行走时单手抱住婴儿（并用手护住婴儿颈部，背部躺在手臂上），用另一只手的两指按压（图262），给气时用嘴巴将婴儿口鼻同时罩住（图263）。但行走时按压效率较放置固定点上差。

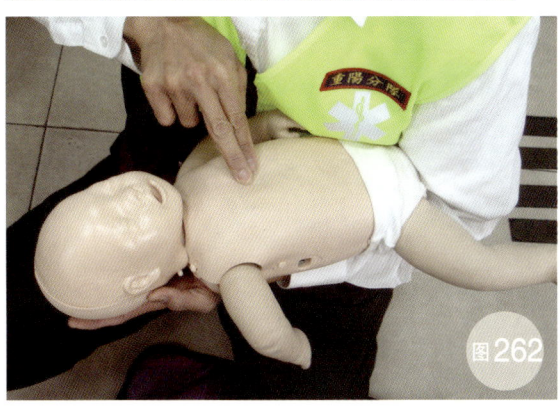

图261

图262

图263

107

《附录》

HEALTHY EXERCISE

◆ 异物哽塞
（哈姆立克急救法）

- 异物哽塞是指呼吸道（气管）被异物塞住，造成呼吸困难，甚至无法呼吸之情形。
- 当发生异物哽塞时，造成呼吸困难，该如何急救呢？

　　首先了解如何判断异物哽塞，除了询问"你噎到了吗？"还有一个重要的依据，就是异物哽塞发生时一定会出现的国际标准手势姿势。（图264、图265）

- 一样要先指定人员帮你打120求救。
- 此时应先向患者询问"你是否噎到了？"并鼓励患者咳嗽。
- 若患者点头或无法发出声音，应立即至患者背后，双脚成弓步稳住患者，为其排除异物，确保患者于昏倒时可由施救者将其支撑固定；一手握拳，拳眼向内放在胸部与肚脐之间，接近肚脐的地方，以另一手掌由外包覆，同时向内、向上施力，一下一下如同操作CPR一样用力（见图266、图267），直到病患者将异物吐出或丧失意识为止。
- 若患者失去意识，就让其顺着施救者身体慢慢躺下，并检查口中是否有异物，如有可见异物，应将患者头部侧向一边，将异物清除，若未发现异物，且目视患者已无呼吸则改为实施CPR，直到救护人员到达接手。

图265

图266

- 若遇孕妇或过于肥胖者，站立时按压位置改为与CPR相同（两乳头间胸部之中段）。
- 若是小孩，施救人员可以高跪姿的方式为其实施"哈姆立克法"。
- 若是新生儿（1岁以下），可用单手抱住，使其躺在前臂上，头部朝下45°，并以手掌护住颈部，以"拍背压胸"方式进行急救（先拍背5下，再压胸5下）。反复操作直至新生儿失去意识或异物吐出（见图268、图269）。

图268

图269

图267

★ 感谢吴文哲先生协助示范

108

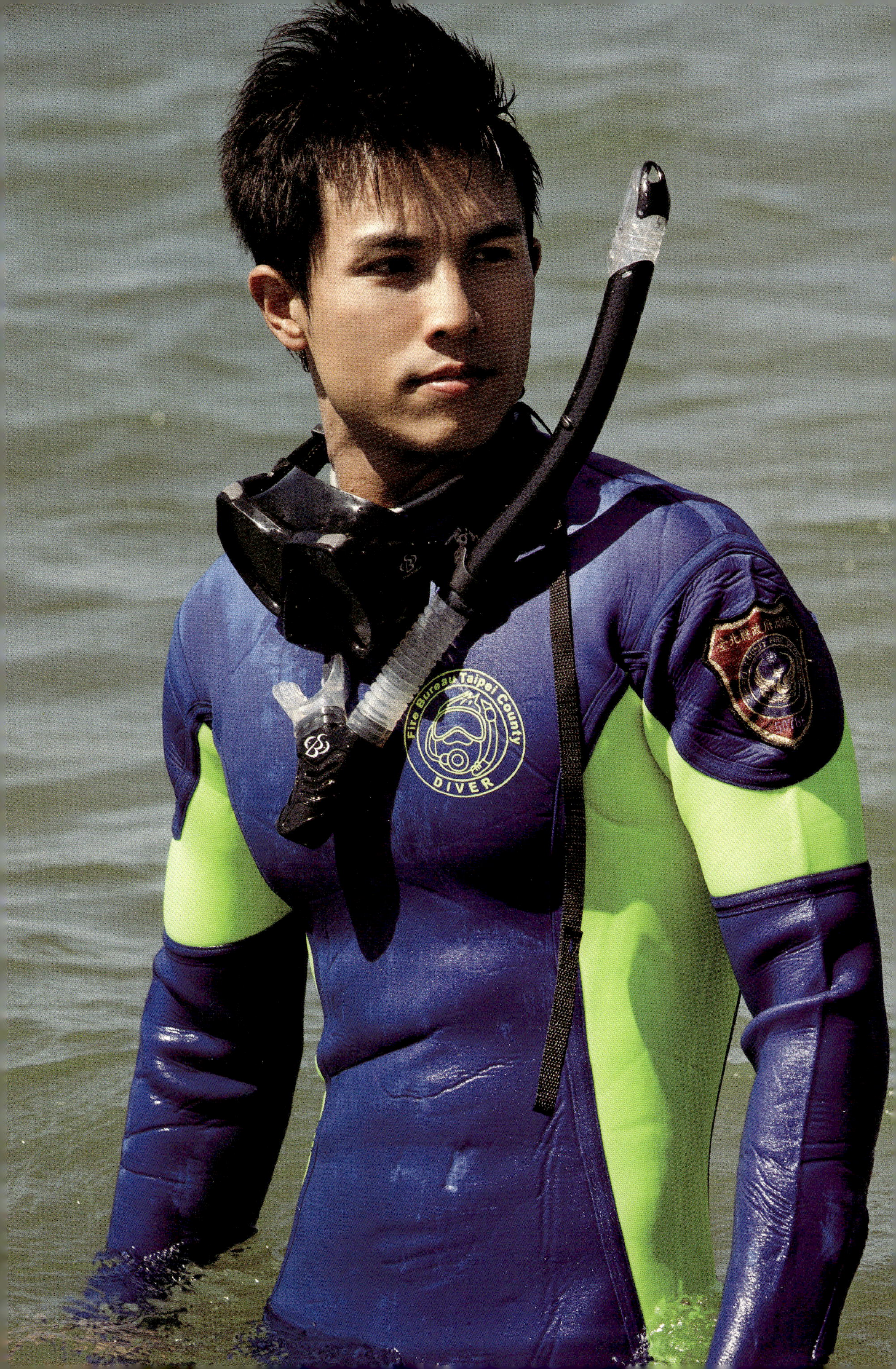
Fire Bureau Taipei County
DIVER

《附录》

各类食物GI值参考表

GI值55以下、56~69、70以上 ／食品上如有另外标记，以购买物为准

食物种类	食物名称	GI值	备注
主食类	大麦	22	挑选低GI值食物作为主食，或是当成主食的添加物
	麦麸	24	
	薏仁	29	
	小麦	41	
	糙米饭	54	
	荞麦	54	
	燕麦	54	
	麦片	64	可作为平日主食的变化
	白米加糖米	65	
	即食燕麦	66	
	胚芽米饭	70	偶而吃吃就好
	米粉汤	70	
	糙米稀饭	72	
	白米饭	85	
	玉米片	85	
	糯米粽	85	
	米浆	85	
	白米稀饭	86	
	炒饭	90	
	麻薯	90	
	汤圆	95	
	全谷粒面包	42	可作为平日主食的变化（注意食用量，以免热量摄取过高）
	全麦面包	50	
	全麦面包（紧实且硬的）	51	
	黑麦面包（紧实且硬的）	55	
	黑麦面包	58	同上
	花生厚片土司	60	

食物种类	食物名称	GI值	备注
主食类	比司吉	65	可作为平日主食的变化
	烧饼	69	
	牛角面包	70	偶而吃吃就好
	松饼	75	
	贝果	75	
	馒头	80	
	白吐司	80	
	甜甜圈	86	
	吐司	91	
	法国面包	93	
	冬粉	33	面食类GI值较米食类低，但烹煮方式影响仍不可忽视，特别是含馅料的食物
	水饺	40	
	包子	42	
	全麦面	50	
	全麦意大利面	50	
	乌龙面	58	同上
	荞麦面	59	
	意大利面	65	
	米粉	65	
	面线	68	
	炒面	80	
蔬菜类及其他食品	高丽菜	26	大部分的蔬菜都是，适合每天食用的低GI值食物
	青椒	26	
	白萝卜	26	
	秋葵	☆	
	小白菜	☆	
	空心菜	☆	
	波菜	☆	

HEALTHY EXERCISE 【各类食物GI值参考表】

食物种类	食物名称	GI值	备注
蔬菜类及其他食品	A 菜	☆	
	芦 笋	☆	
	豆芽菜	☆	
	木 耳	26	基本上菇蕈类都属于低GI的营养好食物
	香 菇	28	
	金针菇	☆	
	杏鲍菇	☆	
	蘑 菇	☆	一般天然辛香料用量不多,也都属低GI食物为多
	葱	30	
	蒜 头	☆	
	姜	☆	
	辣 椒	☆	
	番 茄	30	大部分的蔬菜都是,适合每天食用的低GI值食物
	莲 藕	38	
	牛 蒡	45	
	红萝卜	47	
	蕃 薯（水煮地瓜）	50	
	韭 菜	52	
	玉 米	53	
	芋 头	55	
	栗 子	60	
	甜菜根	64	同 下
	山 药	75	营养丰富,可搭配料理,适量食用
	南 瓜	75	
	马铃薯	90	
	豆 腐	☆	天然营养的好食物
	水煮花生	23	
	毛 豆	31	
	四季豆	35	
	绿 豆	39	
	大红豆	43	

食物种类	食物名称	GI值	备注
蔬菜类及其他食品	豌 豆	46	天然营养的好食物
	纳 豆	56	益处多多,可适量食用
	蚕 豆	79	偶而吃吃就好
水 果 类	葡萄柚	25	天然营养的好食物,可在两餐之间食用,但要注意适量就好
	苹 果	40	
	橘 子	41	
	柳 橙	43	
	释 迦	54	
	桃 子	55	
	樱 桃	52	属较温热的食物,适量食用就好
	香 蕉	52	越熟GI值越高
	酪 梨	☆	含优质的植物性油脂,可适量摄取
	木 瓜	59	含有木瓜酵素,可适量食用
	凤 梨	65	
	哈密瓜	67	偶而吃吃就好
	香 瓜	68	
	龙 眼	70	
	西 瓜	72	偶而吃吃就好
	荔 枝	79	
	芒 果	80	
其 他	蜂 蜜	58	同 上
	砂 糖	70	同 上
	蔗 糖	71	
	白 糖	72	
	冰 糖	72	
	葡萄糖	100	单糖类之GI值很高
	麦芽糖	105	双 糖

111

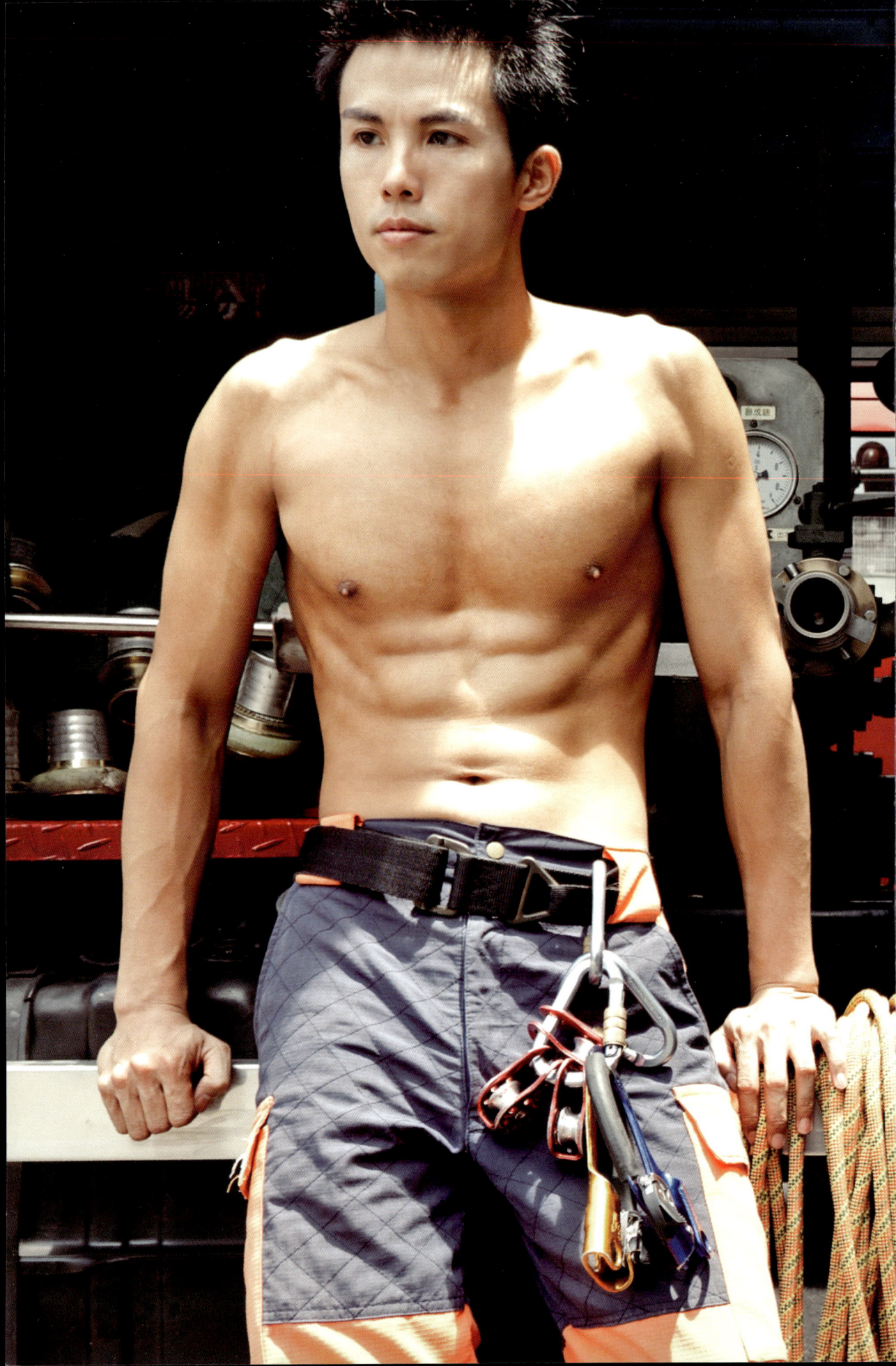

图书在版编目（CIP）数据

打造硬汉／郑元凯著．-北京：人民体育出版社，2014
ISBN 978-7-5009-4434-8

Ⅰ.①打… Ⅱ.①郑… Ⅲ.①男性-健身运动-基本知识 Ⅳ.①G883

中国版本图书馆 CIP 数据核字（2013）第 027307 号

*

人民体育出版社出版发行
北京中科印刷有限公司印刷
新 华 书 店 经 销

*

787×1092 16开本 7.25印张 150千字
2014年7月第1版 2014年7月第1次印刷
印数：1—5,000 册

*

ISBN 978-7-5009-4434-8
定价：35.00 元

社址：北京市东城区体育馆路8号（天坛公园东门）
电话：67151482（发行部） 邮编：100061
传真：67151483 邮购：67118491
网址：www.sportspublish.com
（购买本社图书，如遇有缺损页可与发行部联系）